魔法师

记忆魔法师
诞生记
- 自学记忆法　冲击北大
- 报班学忆　创办协会
- 广州密训　巴林折桂
- 传道授业　教出冠军

记忆魔法
初体验
- 趣记　十二星座
- 强化记忆　七种武器

记忆魔棒
1. 形象记忆法
2. 配对联想法
3. 定桩联想法
   - 地点定桩法
   - 数字定桩法
   - 熟语定桩法
4. 锁链故事法
   - 图像锁链法
   - 情境故事法
5. 歌诀记忆法
   - 头歌诀法
   - 歌诀法
6. 绘图记忆法

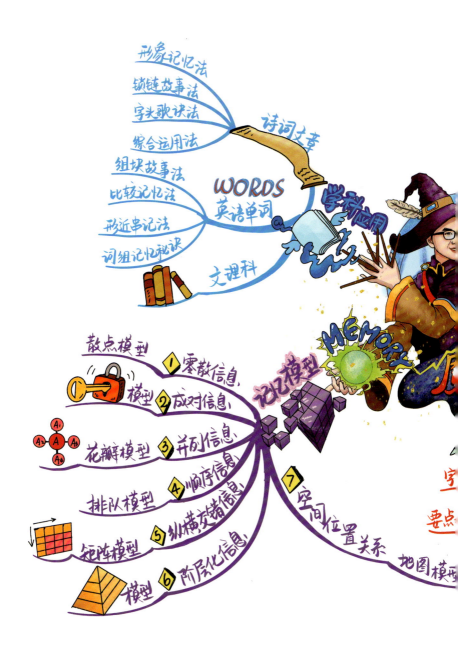

形象记忆法

锁链故事法

字头歌诀法

综合运用法

组块故事法

比较记忆法

形近串记法

词组记忆秘诀

诗词文章

WORDS
英语单词

学科应用

文理科

散点模型

模型 ② 成对信息

花瓣模型 ③ 并列信息

排队模型 ④ 顺序信息

矩阵模型 ⑤ 纵横交错信息

模型 ⑥ 阶层化信息

MEMORY

记忆模型

① 零散信息

⑦ 空间位置关系

地图模型

要点

记忆
魔法师

学习考试实用记忆宝典

袁文魁 著

北京联合出版公司
Beijing United Publishing Co.,Ltd.

图书在版编目（CIP）数据

记忆魔法师：学习考试实用记忆宝典 / 袁文魁著
. -- 北京：北京联合出版公司，2022.7
ISBN 978-7-5596-6187-6

Ⅰ.①记… Ⅱ.①袁… Ⅲ.①记忆术—通俗读物
Ⅳ.①B842.3-49

中国版本图书馆 CIP 数据核字（2022）第 071921 号

记忆魔法师：学习考试实用记忆宝典

作　　者：袁文魁
出 品 人：赵红仕
责任编辑：张　萌
封面设计：魏　魏

北京联合出版公司出版
（北京市西城区德外大街 83 号楼 9 层　100088）
天津海顺印业包装有限公司印刷　新华书店经销
字数 195 千字　880 毫米 × 1230 毫米　1/32　印张 8.5
2022 年 7 月第 1 版　2022 年 7 月第 1 次印刷
ISBN 978-7-5596-6187-6
定价：58.00 元

专家老师推荐

　　记忆是储存知识的宝库，是创造新知识的源泉。袁文魁以惊人的记忆、超常的智慧和神奇的魔法，开发人脑的记忆功能，在人机对"智"的时代，为人们更好地发挥聪明才智，更有效地学习和工作，做了宝贵的探索。我读《记忆魔法师》，受益无穷。

武汉大学人文社科资深教授、博士生导师　於可训

　　文魁是我多年的好友，在实用记忆研究与培训领域，有许多非常独到而又有创意的观点和做法，对目前国内诸多高水平记忆大师的能力发展，都产生过重要影响。因此，他可以称作记忆领域的先锋者。

　　此书以生动活泼的方式，讲述了一些基本的记忆现象和规律，所总结并发展出的方法和技术，对大中小学生的学习提升十分有用，也对各职业人士的记忆发展有较大帮助。

　　记忆有捷径，但人生没有捷径。唯有持续学习、不断努力，才能活出自己魔幻而绚丽的一生。

华东师范大学心理与认知科学学院教授、博士生导师　胡谊

　　2014 年袁文魁受邀加入"中国超级大脑人才库"，他和王峰等很多位世界记忆大师，在中国上海、杭州和韩国首尔等地的著名脑科学研究机构参与了核磁共振脑扫描、脑电波测试等科学实验。结果显示，经过专业记忆训练的大脑，和没有经过训练的同龄人的大脑确有不同。这也再次证明了脑功能形成中"神经可塑性"理论的正确。

袁文魁在记忆领域培养了几十位世界记忆大师，其中 20 多位在《最强大脑》上有惊人的表现，他在记忆方法的普及方面做出了很大贡献。这本书涵盖了"最强大脑"们最常用的记忆方法，并首次提出了"记忆信息模型"的理论，相信会让你的记忆力通过训练得到提升，帮助你练就更强大的脑力！

上海交通大学教授、"中国超级大脑人才库"主任　李卫东

袁文魁等世界记忆大师，用一个个令人叹为观止的神奇记忆，打破了人们对于记不住、记不快、记不牢的焦虑，让过目不忘和倒背如流从文艺作品回归现实，从传说走入生活，从渴望走进可及。

近十年来，袁文魁等人致力于将记忆方法应用于数字、外语、诗词等领域，用简单易行的方法帮助人们提升记忆效率。掌握一套记忆方法，如同哈利·波特骑上了飞天扫帚，瞬间拥有神奇的魔法。我自己也是袁氏记忆方法的直接受益人，特向广大需要提升记忆力的读者推荐新版《记忆魔法师》。

武汉大学新闻与传播学院党委副书记　王怀民

我从 1998 年开始研究并且推广思维导图，总结提炼出广义思维导图的概念，这本《记忆魔法师》里分享的图解框架模型，就属于广义思维导图范畴，可以帮助学生更好地整理和记忆信息。

2011 年年末，袁文魁老师的学生王峰曾和托尼·博赞先生一起来我校演讲普及记忆法，2013 年年初袁老师也来我校和老师们进行交流探讨。如果把思维导图和记忆法更好地结合，会让学生的学习更轻松，创造出自己的太阳。

中国人民大学附属中学第二分校副校长　杨艳君

袁文魁是我 2002 年起在湖北鄂州高中教的学生，他擅长使用高效的学习方法和记忆技巧，学习成绩在文科班一直名列前茅，最终高分考取了武汉大学。

之后我去南京任教，2017 年看到他在朋友圈分享学生成绩进步的截图，我邀请他来我校为高中生演讲，现场反响非常好。袁文魁分享了很多文科知识和英语单词的记忆技巧，这些技巧的针对性和实用性很强，对学习高中知识很有帮助。

这些技巧都在这本《记忆魔法师》里倾囊而授，我真诚地推荐你也看看，祝愿你可以像袁文魁一样，通过记忆法的训练，更加轻松地考取名校。

南京师范大学附属中学江宁分校历史老师　袁文松

作为在教育培训界耕耘了 20 多年的老兵，我接触到各个领域的名师，最强大脑记忆培训这些年比较热门，而袁文魁老师是这个行业的标杆人物。他在 2008 年成为"世界记忆大师"之后，又培养出包括世界记忆总冠军王峰在内的 60 多位世界记忆大师，这也让我对这个"80 后"格外关注。

2017 年国庆节期间，我和 12 岁的女儿参加了袁文魁老师的"大脑赋能精品班"，感觉收获巨大，发现袁老师的快速记忆课程，不仅能帮助中小学生实现快速记忆的目的，同样也能让年长者降低记忆力衰退的风险。在这本《记忆魔法师》里，袁老师将实用的记忆方法悉数分享，如果你能够认真阅读并坚持训练，你的记忆力也会有质的飞跃。

清华启迪巨人教育集团董事长，
北京龙杯信息技术有限公司董事长兼总裁　尹雄

袁老师是一个自带发光体的人，他总是能发现他人的闪光点，总是乐于成就别人。他身上的这股能量给了我勇气，让我在 2016 年辞去了事业单位的工作，和他一起共同培养了几百名思维导图精英。我真诚地推荐这本《记忆魔法师》，如果将书里的记忆法和思维导图结合运用，你将在学习效率方面更上一层楼！

博赞思维导图专家　王玉印

《最强大脑》推荐

非常感谢袁文魁老师把我引上了记忆的道路，因为他的经历让我开始相信自己的潜能！袁老师是一位非常善于鼓励和激发学生的老师，在他的帮助下，我也如愿以偿地实现了一个个目标，因为有了袁老师，才有了今天的我！

新版《记忆魔法师》是袁老师根据这几年的教学实践再次修订而成的，里面有袁老师对于记忆法最新的心得和体会，同时也增强了可读性和实用性，相信这会是一本让你在记忆上启发颇多的书！

《最强大脑》中国队长、世界记忆总冠军　王峰

10 年前我因为文魁获得"世界记忆大师"称号的新闻开始关注和学习记忆法，后来从第一版《记忆魔法师》中获益良多。在改版的新书中，他结合十余年教学经验，回归记忆法的应用本质，从观念、方法、体系和训练等多维度来带领初学者一步步迈入绚丽的记忆殿堂，体现了师者传道、授业、解惑的真谛。如果你希望在记忆法学习过程中少走弯路，这将是你必读的经典。

《最强大脑》中国队长、2011 年世界记忆锦标赛®总季军　李威

袁文魁老师是我的记忆比赛教练，从 2014 年成为少年组中国记忆总冠军到"国际记忆大师"，再到后来参加《最强大脑》获得"全球脑王"荣誉称号，袁老师一路见证了我的成长过程。

记忆法不仅让我在比赛中取得了很多荣誉，也让我变得更加自信，让我的学习更加轻松，可以花比较少的时间就取得不错的成绩。

这本《记忆魔法师》包括了实用记忆法的详细讲解和很多实例，对于学生的学习会有很大的帮助。袁老师对于这本书投入了很多精力，希望大家多多支持！

《最强大脑》全球脑王、少年组中国记忆总冠军　陈智强

《记忆魔法师》是我学习记忆法的启蒙书籍，它内容详尽，体系完整，看完了整本书，记忆法的框架也就了然于心。袁老师是一个温文尔雅，很乐意分享和帮助他人的前辈，因为他在武汉大学创办了记忆协会，我才有机会接触到这门艺术。

我认为，记忆由内而外都是一门艺术，它给我打开了一个新的世界，让我从一个新的视角来看待记忆。我通过努力成为女子世界记忆总冠军，这让我相信：一切皆有可能。同时，记忆法也提高了我学习和生活的效率，让我有更多时间去思考和创新，这或许才是学习的本质。

女子世界记忆总冠军、国际特级记忆大师　刘会凤

袁文魁老师在记忆领域的实践、研究与教学，影响着许多想在这条路上前行的人，我也是其中之一。我自 2007 年便在武汉大学跟随他学习，他教授我《记忆魔法师》中的记忆方法，帮助我站在世界赛场上与顶尖高手同台竞技，并且在《最强大脑》舞台上挑战自我；同时，借由这些方法，我经过不到四个月的奋战，奇迹般地跨专业考上了华中师范大学教育学研究生。

方法与努力同样重要。新版《记忆魔法师》一定能够让你的努力插上

翅膀，帮你向着梦想高飞。另外，如果你想成为"世界记忆大师"，也特别推荐你阅读我与袁老师合著的《学霸记忆法：如何成为记忆高手》这本书哦！

《最强大脑》第一季选手、特级记忆大师　胡小玲

记忆有道，道法自然。《记忆魔法师》就是这么自然地在讲解记忆法，让完全没有头绪的初学者一目了然。袁文魁老师研究记忆法十多年，教的学生遍布各个领域，而且课堂生动有趣，做到了在学中玩，在玩中学，我本人也是记忆法的受益者，它改变了我的命运轨迹。我觉得《记忆魔法师》是最适合初学者学习和收藏的一本教材，相信你一定会受益良多。

《最强大脑》第三季选手、特级记忆大师　袁梦

读者推荐

我是一名中学语文教师，学习记忆法是因为孩子们现在要求记忆的内容实在太多了。孩子们花好长时间都背不会，即使背会了，过两天就又还给老师了。2015 年，我买了袁文魁老师的《打造最强大脑》，有节课我背诵圆周率 60 位，学生们一致要求我讲记忆法。再后来，我毫不犹豫地买了两版《记忆魔法师》，并推荐给我的学生们。孩子记忆力更好了，学习文科比较轻松，皆源于此。此后，我报名袁老师的课程深入学习，更是被他的人格魅力折服。

薛丽娜

我是一个推广记忆法的老师，每周都在全国各地演讲，介绍并展示记忆法对孩子学习的帮助。我的成长和我女儿的进步，和《记忆魔法师》有莫大的关系！

第一次看到《记忆魔法师》，是朋友公司邀请我去做讲师，师资培训时老师就用《记忆魔法师》教学，我是全体老师中学得最快也是最好的，它让我看到了自己的另一种可能！

后来我一边讲课，一边教我女儿用书里的方法，比如定桩、编码、故事、串联等，她背诵语文、历史等知识点的速度越来越快，而且成绩更好了！她非常喜欢训练记忆力，总是在我回家后给我展示新的进步，她把记忆训练当成了游戏、挑战和爱好！我也特别高兴！

当我知道袁老师在武汉大学成立了记忆协会，教出了王峰、胡小玲等优秀的最强大脑选手时，我就知道袁老师帮助和改变了许多人！希望有机会去参加袁老师线下的面授课，这一天一定会很快到来！

杨文杰

我是一名刚接触大脑教育的老师，因为觉得记忆法对孩子帮助比较大，所以这方面的书籍基本上都会看看。有幸阅读了袁文魁老师的《记忆魔法师》，书中的知识通俗易懂，让我对整个记忆法领域有了全面的了解，我也把这本书推荐给我的同事看。我觉得对初学者来说，看了这本书会有一个整体的认知。有一定基础的人看了这本书，会对记忆法有更深的了解与方向的明晰。很幸运自己在这个刚好的时间遇到这么好的书！

匡丽丽

我是思维导图世界亚军余祖江，2016 年看完了《记忆魔法师》第一版，2018 年年底看完《记忆魔法师》第二版，两本书我都画了思维导图。可以说，这本书就是我的福音！

我训练记忆力，除了听课，就是尽可能看书自学。我一章节一章节把《记忆魔法师》的内容画成思维导图，慢慢消化！这是我最为系统画完思维导图的第一本书。画得慢，理解也更深入，有了很多感悟，这让我的记忆更加灵活，在演讲、备课、写作、导图等方面的记忆都越来越厉害！我也从此开始带学员，走上了培训师道路。

跟随袁老师学习让我感受到，记忆不仅仅是一种技术，更是一种心法，一种态度，一种责任，一种智慧，一种信仰！这就是《记忆魔法师》最大的魔法：重新认识记忆，一切皆有可能！

余祖江

我是杜慧，是一名老师，我发现有的孩子背单词读了几十遍还记不住，我很心疼这些孩子。我经常想：有什么好的方法可以帮助孩子呢？

后来，我在网上找到了袁老师的课程，一听就非常喜欢，反复听了好多遍。后来就买了《记忆魔法师》，开始自学记忆法。从十二星座到单词趣记，每完成一次挑战，我都很开心，而且越来越自信，孩子们也都非常喜欢。

2020 年，我参加了袁老师亲授的大脑赋能精品班，收获颇丰，像打通了周身经络一般，活力四射，自信满满。袁老师嘛，很帅！这个帅不仅仅是外貌，更是他的内在修养和气质，我感觉他周身洋溢着阳光，充满了正能量。

杜慧

我是学生，我是在自媒体上知道《记忆魔法师》的。看完之后，我知道了在《最强大脑》舞台上的记忆不完全是表演，学霸会用，学渣也能用，这让我这个记忆不是很好的人找到了信心。

现在，我用数字编码记忆手机号等与数字有关的东西，都记得特别清楚。以前我迷路了，会有一丝的慌乱，现在，我会立马想起书中讲到的记忆宫殿法，很快就能够找到方向。学习记忆法是正确的选择，因为它真的帮助了我很多。

馥郁

我是学生，学记忆法是因为死记硬背太慢了。我看完《记忆魔法师》等书籍后，觉得作者是真心想帮助读者提升记忆力的，他把自己所学的专业技能尽可能多地呈现给读者，所以他是一位富有爱心的老师。从中学到的方法让我不再畏惧数字记忆，记忆单词比以前记得多记得牢，这让我的记忆力在同龄人中略显优势。

自强不息

我是小王，是湖北的一名准高三生。《记忆魔法师》教会了我许多实用的记忆法。从初二到高二，我一直用记忆法记知识，生动有趣，记忆深刻，复习简单。更重要的是，记忆法的联系观与方法论，让我站在一个更高更全面的角度来理解问题。

袁老师是一个在竞技记忆与实用记忆领域都颇有建树的记忆巨匠。他是真正的老师，把记忆法讲得通俗易懂，深入浅出。他博览群书，见识极广，书中许多记忆素材都来自其他书籍的精华内容，他还为我们推荐了冥想等提升大脑与思维的活动。我真心推荐此书！

高中生小王

2020 年春节，闲来无事想考研，本身是个学渣，看着课本非常头疼，就想着要是记忆力好点就好了。找了很久，发现了《记忆魔法师》。当时一看名字就觉得很吸引人，看了一下目录，就觉得爱了爱了，这正是我要找的书了。看完书觉得袁文魁老师真的太牛了，反正就是超无敌超厉害的。

最大的感触是，哇，原来记忆真的是可以通过方法和练习提升！我从书中收获了好多记忆方法，做了一部分练习，感觉对自己的记忆力更加有信心了。虽然我后来并没有考研，但是得知记忆力是可以训练的，我觉得人生瞬间又有希望了，不管是学什么或者是去参加什么考试，我都可以通过记忆法让自己到达目的地。

梦野

我是甘燕，来自湖南，中学读完后就外出打工，是老师同学公认的学渣。重复的流水线，枯燥的工作，让我开启了自考专科之路，家里人非常反对和质疑。我无意中在微信读书里看到袁老师的《记忆魔法师》，书中的记忆法让我受益匪浅，让我在考证道路中顺利通关。看到成绩被学友们夸赞，我说这一切的功劳归于袁老师，虽然没有见过袁老师，但在书中体会到他的幽默，他写的书具体易懂，让学生能学到很多知识，我也经常推荐朋友购买。

甘燕

我是一名在职公务员，因为要考研和考证而学习记忆法。我是在袁文魁老师现场签售会接触到《记忆魔法师》的，袁老师送了几个字："定能生慧，静水流深"。我本身有接触过记忆法，但持有怀疑态度，这本书让我对它有了新的理解，更坚信了记忆法是有用的。

《记忆魔法师》让我牢牢记住了考研6000多个单词的三分之二，特别感谢袁文魁老师。通过阅读书籍和现场了解，我觉得作者袁文魁是一个谦虚好学、思维敏捷的人。

杨杰

我是世界记忆大师李豪，我看的国内第一本记忆法书籍，就是《记忆魔法师》，从2014年初学记忆法到现在，已经推荐近100人购买《记忆魔法师》。

袁文魁老师作为记忆界的鼻祖级人物，影响了太多太多人学习，很多人因此成为记忆高手、世界记忆大师、最强大脑。如果你是一个记忆小白，想要通过看书的方式提升自己的记忆力，我一定会推荐你阅读袁老师的《记忆魔法师》。

李豪

我为什么要学习记忆法呢？一是随着年龄的增大，感觉记忆力大不如前。二是我的女儿马上就要上中学，需要面对繁重的功课。我2016年在文魁大脑的课堂上，得到了第一版《记忆魔法师》作为奖励，我特地画了3.88米的简笔画长卷来梳理里面的知识结构。第二版《记忆魔法师》出来后，我也受益良多，推荐很多人学习。

如果没有袁文魁老师，我不知道自己对记忆法如此有天赋，现在我也成了世界记忆大师。希望在今后的人生岁月当中，为中国的记忆培训事业，贡献自己一份小小的力量！

程建峰（琳琅墨）

自序
记忆法是真实世界里的魔法

从小我就着迷于讲述魔法世界和超能力的大片，《西游记》《哈利·波特》等都是我很喜欢的作品。我也曾经幻想，哪一天我能遇见绝世高人，或者得到武林秘籍，突然从"废柴"变成"超级英雄"，去拯救世界，帮助苍生，把这一生变成一段传奇！

某一天我回首过去，发现自己其实真的拥有魔法和超能力，那就是记忆法。日本占星术大师在《魔法教科书》里说："魔法是基于意志引起变化之术法。因为你的行动而产生的小小奇迹也能称为魔法。"记忆法给我和我的学生们带来的炫酷技能和生命蜕变，完全称得上是魔法。

欢迎你来到记忆魔法师的世界，你能够拥有这本《记忆魔法师》，缘于记忆魔法对你的无数次轻声召唤。从此，你与记忆魔法结下了不解之缘，你越来越多地去使用这些魔法，你的人生也将变得更有魔力。我坚信：任何一项技能精进到极致，必将使人生变得更加美好！

联合国教科文组织国际教育发展委员会前主席埃德加·富尔指出："未来的文盲不再是不识字的人，而是没有学会怎样学习的人。"我一直相信，学习是一辈子的事情，停止学习的人必将被社会淘汰，终身学习是通往自由和成功的必经之路。培根曾说："一切知识不过是记忆。"记忆作为学习中非常基础的一环，是终身学习者必备的技能之一。在知识大爆炸的时代，记忆魔法更有用武之地。

这本《记忆魔法师》着眼于学习考试中的实用记忆法，传授记忆魔法师的六种魔法，同时还将分享在文章、单词、文理科等方面的应用方法及案例。本书适用于中学生、大学生、学校老师、学生家长、需要参加各类考试的朋友，以及热爱阅读和培训的终身学习者，祝你成为记忆魔法师，轻松记知识！

《记忆魔法师》第一版在 2012 年 1 月诞生，当时我虽然已经是"世界记忆大师"，并且培养学生王峰成了世界记忆总冠军，还带队为中国夺得了首个国家团队冠军奖杯，但在写书上是个新手。尽管这本书收到很多不错的反馈，一些读者通过它考取了理想的大学，或者通过了重要的考试，但我觉得第一版还有一些缺憾。

六年后，我对记忆法有了更多教学经验，也有了很多新的探索与领悟，我花了几个月的时间进行改版，也可以说是重写，第二版在 2018 年正式推出，多次上榜"京东好物榜"。2021 年我又在第二版的基础上进行了精简，也就是你目前看到的第三版。相比第一版，后两版我做出了如下调整：

一、砍掉了部分不太实用的方法，着力将最精华的方法讲透讲精，同时使用了一些更贴切的案例，努力将本书打造为"学习考试实用记忆宝典"，让你的记忆超能力为你的学习加分。另外，2021 年我推出了电台节目"提升记忆力的 101 个小妙招"，配合本书一起学习，效果会更佳哦，你在酷狗音乐搜索"记忆魔法师袁文魁"就可以找到。

二、学习记忆法的难点在于"知道却做不到"，新版独家分享"七大信息记忆模型"，帮助大家学会根据材料筛选方法。同时新增"30 天实用记忆训练体系"，通过训练将记忆法变成你手中的屠龙宝刀，这之前是我的线下万元课程《大脑赋能精品班》学员才有的福利哦。

三、新版升级为全彩版，更符合大脑"好色"的记忆特点，我也邀请我的学生官晶、杨子悦、贾钰茹、庄晓娟、马依依等绘制了大量的插图，辅助大家更好地理解记忆魔法。另外，第三版还特别邀请世界思维导图精英挑战赛总冠军李幸漪绘制全书的艺术思维导图，一图胜千言，全书尽在你的掌握中！

四、增加了周边福利和读者互动。微信公众号"袁文魁"（ID：yuanwenkui1985），将延伸阅读文章、视频教学短片、音频引导资料、记忆训练素材等分享出来，供大家通过多种感官立体式学习。另外，请添加"文魁老师"微信号：1053779654，回复"JY2022"，助理老师会邀请你入群参与读者活动。

这不仅是一本用来"看"的书，更是一本拿来"练"的书！当我们想要改变世界，先要去改变自己。让自己拥有记忆魔法，就拥有了其中一项改变世界的能力。希望拿到这本书的你，能够坚持学习和训练，成为一名记忆魔法师，从此学习考试无难事。如果你学习记忆魔法是为了成为最强大脑或记忆大师，我推荐你阅读《学霸记忆法：如何成为记忆高手》，实用记忆和竞技记忆双剑合璧，效果会更好！

当然，如果你希望更深度地学习，我创办的文魁大脑俱乐部也开设了《大脑赋能乐学营》《大脑赋能精品班》《世界记忆大师集训营》《速易记高效阅读法》等面授课程和直播网课，你可以在公众号"袁文魁"找到最新的课程信息。期待你能与志同道合的记忆魔法爱好者相聚，一起来为大脑赋能，让生命绽放！

现在，就让我们去记忆魔法的世界里探秘吧！

2021 年 11 月 17 日

袁文魁 于武汉

04 七大信息记忆模型

05 诗词文章的记忆

06 英语单词的记忆

07 文理科的记忆案例

记忆魔法师
诞生记

成也记忆，败也记忆。
训练记忆力，本身就是一种快乐。
记忆是知识的唯一管库人。

——英国诗人　锡德尼

01

一、自学记忆冲刺北京大学

我不是那种天生就记忆超群的人，因为性格内向，反应偏慢，虽然成绩经常名列前茅，却总觉得自己不够"聪明"，有一种深深的自卑感。对于家里的亲戚，我经常忘记该怎么称呼，叫"姑姑"还是"姨妈"，是"四婆"还是"五婆"，总是害怕叫错了，最后干脆见到亲戚来了就躲着。

这样明显"记忆余额不足"的我，却阴差阳错地成了"世界记忆大师"。我的经历让我坚信，记忆真的有魔法，每个相信并训练它的人都可以拥有。

我在湖北省鄂州高中读书时，曾经看过登在《青年文摘》等杂志上的速记书籍广告，号称可以"5分钟记忆200个数字""1小时记住100个单词"，我的第一感觉是："这肯定是骗人的把戏！人脑又不是电脑，怎么可能做到？"

高二上课时我老走神，班主任袁文松老师把我叫去谈话，他的话点醒了梦中人："取法乎上，仅得其中；取法乎中，仅得其下。如果你的目标在北京大学，考不上还能到武汉大学；如果你的目标在武汉大学，考不上你可能就到湖北大学了。你完全有实力冲刺北京大学！"我立刻决定要考北京大学，我想："我不能和别人拼时间，只能通过改善方法来提高学习效率，这样才能通过特殊车道超车，实现考上北京大学的梦想。"

当时我妈妈开了一家书店，我找到一本肖卫编著的《魔幻记忆100%》，自学之后尝试用来背诵文章和政史地的知识。通过编歌诀、列图表、形象联想等各种方式，几个月时间就把文科教材背得滚瓜烂熟，每次月考前一周，我都会把所有教材复习一遍，成绩也一直排在文科班前三名。

我当时还做了一件很"奇葩"的事情，受到"三秒钟速记术"和"超级学习法"的启发，我和室友潘理朋把编好的歌诀和难点知识，录了20多盘磁带，利用吃饭、走路、睡前等空余时间反复听，让这些知识融入我的潜意识里。

现在回想，那时已是"我为记忆狂"。然而，正是这种对于记忆的痴迷，让我的高三岁月累并快乐着，虽然最终没有考出最好的成绩，但在2004年以590分的成绩来到了武汉大学文学院。

二、报班学忆创办协会

2007年5月的一天，我坐在武汉大学的自习室里，抱着厚厚的《中国古代文学史》往脑袋里塞，嘴里嘀咕着："我怎么就鬼迷心窍了，明明可以轻松保研武汉大学，为啥要折腾着考北京大学呢？难道是高考的遗憾，让我的北京大学情结还未解？"

我在文学院获得了两年的甲等奖学金，在《武汉大学报》做了三年记者也获奖很多，然而北京大学的召唤让我决定放下这些去考研。在备考时，我想起了我曾经学过的记忆法，心想："什么时候回家把《魔幻记忆100%》拿过来，如果重新捡起记忆法，备考应该会轻松一些吧。"

发愿之后，奇迹出现了，几天后中国记忆总冠军郭传威老师来武汉大学开讲座。老师们几分钟内将108个数字倒背如流，并且将整本《道德经》随便抽背，像是变魔法一样神奇，我当时就被震惊到了。这将我自学达到的水平甩了几条街啊，如果能够达到老师的十分之一，考研就是小菜一碟了！

我交完10元订金后，还是犹豫了两三天，担心上当受骗，就上网查了很多资料，最后去报名时还是掷硬币决定的，最终命运带我来到了记忆魔法世界。两天的课程，我每天都抢到第一排的位置，上课都是第一个举手发言，结课后我挑战了一周内背诵《道德经》，下一周又背完六级单词书，后来还练就了两分钟记忆一副扑克的能力，真是不可思议，我感觉自己沉睡多年的大脑觉醒了，居然可以如此神奇和强大！渐渐地，我对记忆法的兴趣超过了考北京大学，就选择了直接保研，并创办了武汉大学记忆协会。

最初协会是门可罗雀，积极参与者只有几个人，很多人抱着怀疑的态度，甚至我的同学都奚落我："你整天玩这些歪门邪道的东西有什么用？"还有人担心："你是不是陷入传销组织啦？"我想，我必须先让自己有所成就，才能够让别人相信并且跟随。

三、广州密训巴林折桂

2007年10月，我看到一篇报道《6位选手成记忆大师，中国脑力训练震惊世界》，其中就有郭传威、黄金东、刘平等我熟悉的老师，我当时热血沸腾，心里种下一颗种子："我要成为'世界记忆大师'，他们能做到的事情，我相信我也可以做到！"

在我之前，中国仅有8位"世界记忆大师"，这条少有人走的路，充满了未知的恐惧和不安，充满着他人的嘲笑和质疑。尝鲜期的好奇心退去之后，刻意练习时的枯燥和孤独，让人很容易动摇并放弃。我最大的"心魔"就是内心的浮躁，急于求成，而信念又不够坚定。

在训练期间，曾经有几个月我迷失了方向，奢望能够找到更厉害的秘籍，能够像武侠小说里一样，练成绝世武功成为天下第一。在遭遇挫败之后，我开始回归初心，到广州找到郭传威老师，重新为记忆大师的梦想努力。我告诉自己："如果这一次再轻易放弃，这辈子就一事无成了！如果不甘心成为别人的笑柄，就要咬着牙坚持自己的梦想。为了自我的证明，为了自尊的生存，什么困难都要扛住，坚持不懈，直到成功！"

我训练的地点在广东省科技图书馆，早上九点进去训练，直到晚上九点回去，除去吃饭和休息的时间，每天有效训练的时间有六个小时。高强度的脑力活动需要大脑的能量补给，我每训练一个小时，都会出去活动身体、深呼吸、冥想，让大脑供氧充足。中午午休之后，我听着《相信自己》《我相信》等励志歌曲舞动身体，让沉睡的脑细胞苏醒过来。

当浮躁的心安静下来，专注朝一个方向努力时，我的训练成绩呈直线上升的趋势。正如《大学》所云："知止而后有定，定而后能静，静而后能安，安而后能虑，虑而后能得。"

2008年10月，23岁的我在中东巴林举办的世界记忆锦标赛®上，以 62 秒记忆一副扑克牌、1 小时记忆 14 副扑克牌、1 小时记忆 1308 个数字的成绩，成为湖北省第一位"世界记忆大师"。

（2008 年我获得"世界记忆大师"荣誉称号）

　　当时全球的记忆大师不过 60 位，我是中国的第 9 位，回国后我接二连三地被媒体采访，被邀请在学校做记忆演讲，记忆协会由无人问津到风靡一时，每年吸引几百人来学习记忆法。

　　曾经对记忆法不屑一顾的朋友，给我打电话说："文魁，真是对不起啊，以前我因为无知，嘲笑过你的梦想，说你是旁门左道，不务正业，现在我才知道你做了一件多么了不起的事情，你可是亿里挑一的记忆大师啊！有机会一定要向你学习！"那一刻，过去一年所有吃过的苦，都变成了甘甜的回忆！

四、传道授业教出冠军

2009 年，我准备继续参赛，暑期在武汉大学组织了会员集训，王峰是里面的"进步王"。他在入会时曾经问道："难道记忆力不是天生的吗，还可以后天练就？"但经过短暂的训练之后，他就相信了自己的记忆能力超乎想象，不到两个月时间，他已经达到世界记忆大师的三项标准。

开学之后，我们一起租了一间 10 平方米的小屋，我每天就在那里闭关训练，王峰没有课程时就会过来。他在中国赛时仅次于我，获得了亚军奖杯，我送给他一句励志语："以王者的姿态站在世界记忆的巅峰！"

2009 年在伦敦的比赛中，王峰排名世界第五、中国第一，以 1 小时记忆 1984 个数字破纪录夺得银牌，以 31.08 秒的成绩夺得快速记忆扑克牌项目的金牌，而我则以 37.08 秒的成绩夺得了铜牌，总分世界第十，我们师徒俩在领奖台上默契地拥抱，一切尽在不言中。

王峰在如此短的时间内超过我，我心里当然也会有失落，但郭老师告诉我："你虽然在比赛上输给王峰，但是这证明你是一个好老师，你是世界记忆冠军的教练！一个人的成功，不算成功；帮助更多的人成功，才算是成功！真正的大师，就是能够培养更多大师的人！"

于是我心里种下了成为"记忆导师"的种子，2010 年研究生毕业后投身于大脑教育领域，虽然创业之路坎坷艰辛，但上天非常眷顾我和我的学生们。2010 年，王峰夺得 19 年来亚洲首个"世界记忆总冠军"奖杯；2011 年，武汉团队为中国夺得首个国家团队总冠军奖杯，并且包揽了个人冠亚季军。后来，我累计培养出 70 多位"世界记忆大师"，其中 20 多位参加过江苏卫视《最强大脑》节目，陈智强两次夺得"全球脑王"奖杯。2021 年我创办的"文魁大脑国际战队"被评为"中国区最佳战队"。

2014 年，我创办了文魁大脑俱乐部，通过面授课程和网络训练相结合的形式，致力于传授实用记忆法和思维导图、高效阅读等方法，我将从高中以来的记忆运用经验总结提炼，并且逐步形成一套训练体系。这本新版《记忆魔法师》就是所有老师和学员集体智慧的结晶，希望能够帮助更多人轻松记忆，高效学习。

回顾这十多年的历程，我发现记忆魔法不仅帮助我学习考试，让我获得了一纸记忆大师证书，更让我相信我的大脑拥有无限潜能。它让我从自卑的少年变成自信的强者，让我从不善言谈变成传道授业的讲师，让我从三分钟热度到坚持自己的热爱，也让我由迷茫焦虑到发现人生的天命。正如人类的记忆纪录一直被打破，我也相信，我的人生还有着无限的可能性，等着我去挑战和突破。

记忆改变了我的人生，也终将会改变你的人生！祝愿你也可以变身"记忆魔法师"，让你的生命充满奇迹，我在记忆宫殿等着你！

[在微信公众号"袁文魁"（ID: yuanwenkui1985）后台回复"心路历程"，可以观看视频版纪录片。]

记忆魔法
初体验

一切知识的获得不过是记忆。
记忆是一切智力活动的基础。

——英国哲学家 培根

02

对于记忆法，不论你是相信还是怀疑，我们都把它抛到一边。毛主席说："你要知道梨子的滋味，你就得变革梨子，亲口吃一吃。"诗人陆游也说："天下之事，闻者不如见者知之为详，见者不如居者知之为尽。"

实践才是检验真理的唯一标准。我以巧记"十二星座"的顺序为例，我们一起来体验一番吧！

一、趣记"十二星座"

我在学完记忆课程两周后，给同学展示《道德经》的点背，有一位同学很不屑一顾，她对星座很感兴趣，我就考她："你能把十二星座按顺序说出来吗？"她零零星星说了几个，就缴械投降了。于是我就用身体定桩法教了她一遍，她马上就可以倒背如流。半年后，她看到我兴奋地说："记忆法真是神奇啊，我到现在还记得十二星座，和姐妹们聊星座时别提多有面子啦！"

我们先来看看十二星座的正确顺序吧：

十二星座

白羊座、金牛座、双子座、巨蟹座、狮子座、处女座

天秤座、天蝎座、射手座、摩羯座、水瓶座、双鱼座

在记忆之前，我们先按顺序从身体上找到一些部位，打造一套帮助我们记忆的桩子，接下来用"联想"的胶水，分别将每个星座和它粘在一起。这12个身体的部位从下到上依次是：

1. 脚底
2. 脚面
3. 小腿
4. 膝盖
5. 屁股
6. 腹部
7. 胸部
8. 脖子
9. 嘴巴
10. 鼻子
11. 眼睛
12. 头发

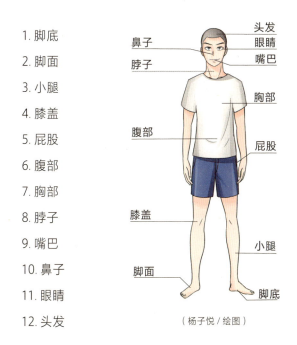

（杨子悦／绘图）

请你按照这个顺序想一遍身体部位，也可以用手分别摸摸相应的部位，并且尝试回忆一下。接下来，请跟着我一起来想象，在一片广阔的大草原上，发生了这样的一幕，故事的主人公可以想象是你自己：

1. 你走在大草原上，脚底踩到了一只白羊的身上，白羊被踩得抬起头来咩咩叫，它的毛上还留下了你的黑色脚印。

2. 一头金牛眼睛瞪得好大，生气地喘着粗气，用牛蹄用力地踩着你的脚面，你的脚流出了血，一阵钻心的痛。

3. 你想向前面逃跑，却发现小腿被两个小孩子抱住了，他们哇哇大哭起来，眼泪从你的小腿上往下流淌。

4. 你的膝盖一起跪了下来，跪到一只巨大的螃蟹身上，螃蟹的壳"咔嚓"一声碎裂了，里面的蟹黄流了一地，好恶心！

5. 你一屁股往后坐了下来，没想到坐在狮子头上，狮子可不是病猫啊，它一口咬住了你的屁股，顿时鲜血直流，你晕了过去！

6. 接下来是"处女座"，想象成一个年轻的女护士，她朝着你的肚子打了一针，注射进去的绿色液体让你的肚子鼓了起来，像怀孕了一样。

7. 你此时停止了心跳，医生用烧得通红的天秤压在你的胸部，胸腔被烫得弹起来又落了下去，反复几次后，你的心脏重新跳了起来。

8. 你慢慢醒来，却发现呼吸有些困难，原来是有一只从天而降的蝎子，用两只钳子夹住了你的脖子，勒得通红，勒得你喘不过气来。

9. 射手飞奔到你的面前，朝你的嘴巴射了一箭，你张开嘴巴用牙齿咬住了箭，好险啊，差点一箭穿喉。

10. 接下来到你的鼻子了，"摩羯"谐音成"魔戒"，想象你把魔戒戴在鼻子上面，像是牛魔王的鼻环一样，又一阵钻心的痛，鼻子红肿起来！

11. 经过一番折腾，你的眼睛里满是泪水，你用水瓶来装，居然装了满满的一瓶，真是满满的都是泪啊，谁经历谁知道！

12. 你的头发也没能幸免，两条鱼从水里跳出来，咬住了你左右两边的头发，你一走路，两条鱼甩着尾巴前后晃动，甩也甩不掉！

在想象的世界里经历了这番炼狱般的折磨，你是不是有点后悔拿自己当主角了？不过这样印象会更加深刻哦，现在请对照彩图再强化一遍，然后闭眼回忆一下这些画面，最后尝试着默写出来吧。

定桩趣记十二星座

白羊座 金牛座

双子座 巨蟹座

狮子座 处女座

天秤座 天蝎座

射手座 摩羯座

水瓶座 双鱼座

（杨子悦／绘图）

1. _____ 2. _____ 3. _____ 4. _____ 5. _____ 6. _____

7. _____ 8. _____ 9. _____ 10. _____ 11. _____ 12. _____

你还可以挑战一下，从头背到脚，这就是"倒背如流"喽！如果你能够背出来，可以给自己一点奖励哦！我们习惯了给别人鼓掌，也要记得给自己鼓励！

二、强化记忆的七种武器

你有没有发现，这样记忆会更有趣呢？我发现，记忆魔法与死记硬背的不同之处，在于它拥有这七件神奇的武器：

（一）形象

相比和尚念经似的重复默念，我们记忆"十二星座"时将它们转化成形象，可以让它们更加持久地保存。"形象"就像502胶水或者狗皮膏药，可以将知识更牢固地粘在你的大脑里。形象如果画面清晰，细节突出，颜色分明，动感十足，记忆的效果会更加明显。

（二）独特

我在武汉大学做过三年校报记者，新闻圈里有句话让我印象深刻："狗咬人不是新闻，人咬狗才是新闻。""人咬狗"之所以成为"新闻"，是因为它非常"独特"，我们如果看到这样的场景，可能会终生铭记吧！我们在记忆时，可以尝试用夸张、幽默、意外等"特效"让记忆更加独特。

（三）简单

记忆心理学里有一个"组块理论"，我们熟悉的一个字词、字母组合、专业术语、名人名言等都是一个组块。比如对于认识英文单词"LOVE"（爱）的人，它就是一个组块；而"VTNP"对大部分人而言，则有四个组块。组块越少，就越简单，记忆起来就越容易。

（四）故事

故事好记不仅是因为组块变少了，还因为鲜明的场景和有逻辑的情节可以帮助我们强化记忆。很多人都是从小被故事喂大的，大量的故事输入我们的大脑，如今也到了我们要输出的时候啦，学会编故事，把学习当成在大脑中看电影，过瘾！

（五）逻辑

有些人以为编故事就是要天马行空，越没有逻辑越好记忆，这有点本末倒置。因果逻辑就是故事的生命线，比如"摩羯"与鼻子的联想，因为我们知道牛魔王的鼻环，这样联想就比较自然了！如果过于超出日常的认知，大脑会自动屏蔽，很难牢记。

（六）联结

联结是将两个事物通过逻辑或非逻辑的方式联系起来，由一个能够立即想到另外一个。记忆"十二星座"时，我们就是把星座和我们熟悉的身体联结起来，达到"以熟记新"的效果。联结时在脑海中呈现两个形象，让其彼此接触并加上动作以及夸张的效果，就可以将它们像"连体婴"一样绑在一起。

（七）感觉

感觉也称为感元，人体的五种感觉器官都分别代表一种信息处理的方式，视觉、听觉、触觉、嗅觉、味觉如果能够充分运用，可以帮助我们达到更佳的记忆效果。比如"白羊"和"脚底"联结时，我们不仅看到了白羊的形象，还听到它咩咩叫的声音，感觉到踩上去软软的，如果还能够闻到羊身上的骚味和羊粪味，捂着鼻子想躲开，你的印象又会增加几分。

感觉里面还有一种是情绪，如果融入了自身的感情，比如你踩到白羊后很愧疚，很伤心，也会加深印象。我们大脑里那些刻骨铭心的记忆，哪个不是带着强烈的情绪呢？第一次获得公开表扬的开心、失恋或失去亲人的悲痛、被伤害和受批评时的愤怒和委屈，我们难以忘怀，因为"情绪"是记忆的强化剂。

我借鉴了《粘住》这本书，总结出这七件神奇的武器。我们可以这样来记忆：由"形象"想到一头大象，大象的鼻子、耳朵等感觉器官都非常大，它是一个"独眼龙"（独特），它的脚踩在竹简做的床单上（简单），尾巴上面系着一个蝴蝶结（联结），身上坐着一个看《故事会》的驯象人，他在向天空中巡逻的飞机（"逻辑"谐音为"逻机"）打招呼。

（庄晓娟／绘图）

请结合庄晓娟老师画的图，尝试着将这七件武器收入囊中吧，在记忆宫殿里闯关挑战时，它们可是你的绝佳装备呢！接下来，我们就要去获取"记忆魔法师的六根魔棒"啦！

记忆魔法师的
六根魔棒

人的一切智慧财富都是与记忆相联系的，
一切智慧生活的根源都在于记忆。

——俄国生理学家 伊凡·谢切诺夫

03

第一节　形象记忆法

　　我先来考考你，还记得昨天中午吃了些什么菜吗？你脑中闪现出来的是具体的菜名，还是菜的形象？估计大部分人都会先想到饭桌的场景，再将看到的菜转换成语言表达出来吧！

　　在大脑里面构建具体形象，是我们思考和记忆的基础。爱因斯坦曾这样描述他的思维过程："我思考问题时，不是用语言进行思考，而是用活动的跳跃的形象进行思考，当这种思考完成以后，我要花很大力气把它们转换成语言。"我们在记忆时也是如此，电脑是将信息变成 0 和 1，大脑很多时候会将信息变成形象来存储。

　　世界记忆大师更是将形象记忆用到了极致，江苏卫视《最强大脑》选手李威，他挑战记忆脸谱、碎颜修复、世界大词典、雪花之谜、牛仔很忙等项目时，都是将这些抽象的图案或符号转化成具体的形象来记忆的，这非常重要的"形象化编码"过程，是记忆魔法里最为基础的"马步"，所以作为第一根魔棒来学习！

　　根据循序渐进的原则，我将从静态形象、动态形象、抽象转形象三个方面，带领大家一起来训练我们的形象思维。

一、静态形象的记忆

想要锻炼形象记忆法，脑海中储存大量的形象是有必要的，我们从小到大去过的地方、看过的影视作品、经历的事情，都在我们大脑的形象库里。俗话说："百闻不如一见。"你用文字描述"大象"给一个没有见过大象的人，还不如让他看看大象的图片。当然，如果真实地看到大象，视觉、听觉、触觉等多种感官一起体验，记忆将会更加深刻。

然而现代社会，碎片化资讯抢夺我们的注意力，低头族们都在刷朋友圈、玩游戏，我们的感官渐渐变得麻木，对生命中的很多美好都"视而不见"，没有用心去观察和体验生活，我们的记忆力当然也会日渐衰退。当你像孩子般带着好奇心，静下心去观察一只蚂蚁的爬行，去观察一片树叶的脉络时，你也能够拥有超强的观察力和记忆力。

魔法练习　照相记忆训练

有一些记忆天才拥有超常的照相记忆能力，其实我们正常人也拥有这种能力，因为大脑有"视觉残留"的现象，可以将看到的东西复制到脑海中，接近真实地呈现出来。只是相对而言，我们的图像会比较模糊，而且缺少细节，保存的时间也比较短，除非信息的刺激比较强烈。

这项训练需要的素材比较灵活，可以是生活中的某样东西，比如一个水杯、一个苹果，也可以是一张图片，摄影、漫画都可以。先从简单的物品开始，慢慢过渡到比较复杂的图案。

我们就用这幅"拔萝卜"的漫画做训练吧。首先盯着这张图片看 10 秒，尝试一眼把整张图片都摄入脑海，然后闭上你的眼睛，尝试把它浮现在你脑海中的"屏幕"上。图像是不是在脑中闪现的时间很短暂，而且还漏掉了不少细节呢？

要想让消逝很快的视觉记忆保存的时间更长，德国心理学家塞巴斯蒂安·莱特纳在《学习这回事》这本书里建议："我们要记住一幅风景画，就将图画的每个细节部分和它们彼此间的关联性，从视觉上所看到的画面转变成可描述的语言文字。如此，我们就可以更容易成功记忆这一幅风景画。"

接下来，我们再来观察 10 秒，看到一些细节时，我们心中默念出来，比如："萝卜有 6 片叶子""女孩的裤子是蓝色""女孩的眉毛是倒八字"。

观察之后，我们闭上眼睛浮现图片，然后再睁眼来对比一下，发现其他的遗漏细节，再继续进行观察并默念，然后再浮现和核对，你会发现你将记住越来越多的细节。

看到形象是每个人都具备的能力，只要你能够回忆起往事，能够想起你家的场景，晚上能够做出梦来，就可以看到形象。但有极少数人可能会说："我就是看不到形象。"《培养记忆天才》这本书里给出了这样的解释：这可能是太长时间忽略右脑，心灵上产生了障碍，就像长期在黑暗里突然看到太阳会很刺眼。但是，即使是看到黑幕，这也是一种形象，接下来放松心态，想象这个黑幕慢慢打开，将需要看到的形象呈现出来。越多地进行这个训练，你就会做得越来越好。

这个练习有很多的实战应用，比如考驾照记忆交通标志，买商品记住品牌 logo，生活中记忆别人的长相等，可以在生活中利用零碎时间来练习。

二、动态形象的想象训练

大家都知道，青蛙的眼睛对动的东西很敏感，对不动的东西却无动于衷，其实人类也是一样，所以人类不满足于绘画、摄影，发明了电影这种艺术形式，它基于的原理是："改变、转换是让我们意识到任何东西——一个物件、一个人，甚至是一个事件的基本先决条件。"特别是对于一些习以为常的东西，如果它一动不动的话，会比较容易被忽略和遗忘。我们需要训练我们在脑海中呈现动态画面的能力，以下这两个练习会帮助你做得更好。

魔法练习　形象活化训练

静态的图片是 2D 效果的，活化训练可以让它变成 3D，甚至是 5D 效果的，也就是从视觉、听觉、嗅觉、触觉、动感全方位去感受形象。这个练习，你可以把文字记住大意后再闭眼想象，也可以在微信公众号"袁文魁"（ID：yuanwenkui1985）后台回复"钥匙活化"，根据向慧老师的语音指引来想象。

请找一把椅子坐好，保持脊椎的正直，双手轻轻放在膝盖上，然后闭上你的眼睛，让自己的心安静下来，做几次深呼吸，用鼻子慢慢地吸气，4秒钟吸气让腹部鼓起，接下来用嘴巴缓缓地吐气，让腹部慢慢地瘪下去。每一次深呼吸，你都感觉全身越来越放松，同时越来越专注于你的内心世界。

现在想象有一个白色屏幕，想象屏幕上面竖着一把钥匙，就是图片中这种锯齿状的金色钥匙，想到了吗？请你想象它竖了起来，尖头朝下，然后想象它缓慢地旋转360度，你可以看清楚钥匙的不同侧面。然后，请你想象它横过来，锯齿朝上。

现在我要你把钥匙想象成葡萄一样的紫色，可以想到吗？好的，接下来它要变成玫瑰一样的红色，想到了吗？再尝试着把它变成透明的，像玻璃一样全透明的。最后，把它变回到原来的金色吧。

现在，请想象这把钥匙离你越来越近，像孙悟空的金箍棒一样变大，放大到原来的两倍，再继续放大两倍，大到你只能看到局部，现在像扫描仪一样扫描一下钥匙，那锯齿就像连绵起伏的高山，那圆孔就像是摩天轮一样大。现在把它缩小，继续缩小，缩到像指甲那么小。最后，把它变成正常大小吧。

接下来，我们来感受一下钥匙的声音，想象钥匙下方是坚硬的水泥地，钥匙掉到了地上，你会听到"哐当"一声响，想象那清脆的铜铃一般的声音。

视觉和听觉的刺激过后，我们来闻闻它的味道，想象自己的鼻子凑过去嗅一嗅钥匙，你会闻到什么样的味道呢？铁锈味？润滑油味？体香味？用心去唤醒你记忆中的味道吧，你也可以想象出任何你想要的味道，比如巧克力味。

接下来感受一下触摸它的感觉，用手指轻轻地在锯齿上抚摩，感受其凸凹不平的触感，感受其金属的质感，你脑海中是否有一丝担心，它会不会划破你的手指，让鲜血流淌出来。

最后一步，想象你把钥匙插进锁里，用力扭都扭不动，你突然用力过猛，钥匙折断了，一半还留在锁里面。接下来你变出一把完好无损的钥匙，用它的锯齿去锯门的边缘，将门锯出很多木屑。你还可以继续想象，像飞刀一样把钥匙扔出去，正扎中这个门的中心，牢牢地固定在上面。

我们的形象活化之旅就到此结束，请你缓慢地睁开眼睛，可以搓搓双手，搓一下脸，让自己恢复到正常状态，并且将你做这个练习的感受写下来。

这是一次奇妙的想象之旅，通过多种感官与钥匙零距离的接触，我们会发现平时所忽略的感受。如果你做完练习后，再拿起真实的钥匙仔细去观察，去触摸，去闻闻，再次做这样的活化训练时，效果会更好。

英国 DK 出版社编著的《正念：专注内心思考的艺术》这本书，介绍了使用硬币、葡萄干、树叶等做正念冥想的练习，和形象活化训练有异曲同工之妙。坚持做 30 天的形象活化练习之后，你会发现你的感官慢慢被激活，更能去发现生活的美好，当你能在麻木的生活里发现新鲜感，高效记忆的通道自然而然就打开了。就像婴儿最初来到这个世界，对什么都好奇，学习东西非常迅速，长大之后则因为"习以为常"而屏蔽了很多信息，大脑的感官都"生锈"了，愿这个练习让你的大脑"活"起来！

魔法练习　情境画面冥想训练

上面的训练是将静态的图像动起来，我们还可以通过冥想动态的情境画面来激活大脑，此处分享一个简单的冥想，你可以在微信公众号"袁文魁"（ID：yuanwenkui1985）后台回复"春天冥想"，跟着向慧老师的声音来想象画面，这段冥想引导词改编自朱自清先生的散文《春》：

请你找一个安静的环境，将手机静音，找一把舒服的椅子坐好，保持脊椎的正直，双手自然地放在膝盖上。轻轻地闭上眼睛，或者戴上眼罩，调整好呼吸的节奏，缓缓地呼气、吸气，让自己的心静下来，专注于当下的呼吸。

当你在呼吸时，脑海中可能会浮现出各种念头，这是非常正常的现象，比如你会想到还有很多未完成的事情要做，想到前几天发生的不愉快经历，想到做这个冥想是不是有用，当你有这些念头时，觉察到它之后，你可以默念一声："停！"然后有意识地专注于你的呼吸，你也可以数你的呼吸，吸气：1，2，3，4；吐气：1，2，3，4；慢慢地专注于呼吸，让自己进入内在的世界。

现在，我们一起跟着朱自清的《春》，去感受春意盎然的美好。想象你来到了大自然里，呼吸着新鲜的空气，你看到头顶上太阳的脸红起来了，太阳光照射到你眼前的一座青山上，山此时睁开了眼睛，调皮地眨呀眨呀，山脚下的小溪里，水涨了起来。

在小溪边，小草从土里钻出来，嫩嫩的，绿绿的，田野里一大片一大片的。小朋友们有的坐着，有的躺着，打两个滚，踢几脚球，赛几趟跑，捉几回迷藏。

风轻悄悄的，草绵软软的。风里带来些新翻的泥土的气息，混着青草味，还有各种花的香，各种味道都在微微润湿的空气里酝酿。鸟儿将巢安在繁花嫩叶当中，高兴起来了，呼朋引伴地卖弄清脆的喉咙，唱出婉转的曲子。牛背上牧童的短笛，这时候也在嘹亮地响着。

（庄晓娟/绘图）

　　当你看到这些美好的影像，全身感觉非常舒服，感官都仿佛被激活了，你的大脑神经更加活跃，你感觉此时你可以轻松记住任何信息。现在，带着这种美好的感觉，当我从1数到5时，请你缓慢地睁开眼睛。1，2，3，4，5，请你睁开你的眼睛，揉搓一下双手，活动一下身体。当你坚持30天每天做一次这个冥想时，你会有意想不到的收获，祝愿美好的生活伴随你每一天！

　　想要激活我们的形象脑，我们每天都可以做情境画面冥想训练，每天睡觉之前可以回忆当天的事情，重点是比较幸福成功的画面：比如完成了一项新挑战，学习了一个新技能，与家人和朋友一起玩耍等。

　　另外，我们还可以使用电影作为训练素材，看一个一分钟左右的片段，最好是幸福、美好、励志的片段，然后闭眼回忆整个过程，包括里面的对话和场景，如果有些不够清晰，再看一遍后重新回忆，多次重复，直到大部分细节都可以回忆起来，就可以换下一个片段。

情境画面冥想训练，对于背诵文章很有帮助，特别是一些写景、叙事类的文章，我在高三背诵《荷塘月色》《再别康桥》《将进酒》等文章时，都是在脑海中浮现画面，另外对于历史事件的经过、物理化学的实验步骤，也可以使用同样的原理来记忆。当你能够身临其境去感受，并且将文字导演成脑中的电影时，记忆就比死记硬背要容易很多了。

三、抽象转形象的训练

美国大脑专家迈克在《遗忘的力量》一书里说："人是以图像为指引的生物，因此，几乎所有的记忆技巧都依赖某种形式的图像，尤其是涉及物品或难以触碰的概念时，比如人名或地名。""任何抽象的，我们的大脑所不能触碰的信息都会在要用的时候默然消失。"

所以，将抽象信息转化为具体形象，是记忆法里最常用到的技巧。我们要记忆的对象，一般包含文字类、数字类、图形类，转化的核心思路是从音、形、义三个角度，但不同的对象又略有不同，我们分别来进行训练。

（一）抽象文字转化训练

世界记忆锦标赛®有一个项目叫随机词汇，需要在15分钟内记住上百个词的顺序，这里面不乏非常抽象的词。通过大量的训练，我们看到任何抽象词都能瞬间转化成图像，常见的方法有五种：谐音联想、增减倒字、拆合联想、相关联想、综合联想，我先来示范一下。

1. 谐音联想

谐音就是利用汉字的同音或近音来代替本字，常常会产生一种幽默效果。很多歇后语会使用谐音，比如小炉灶翻身——倒霉（煤），孕妇走独木桥——铤（挺）而走险。我们在记忆"倒霉"和"铤而走险"时，就可以分别想到小炉灶倒煤和孕妇挺着大肚子走独木桥的画面。

又比如"记忆"，我们可以谐音为"机翼"，"理想"可以谐音为"离乡"，"经济"可以谐音为"金鸡"。谐音可以辅助记忆发音，但有可能会导致错别字，所以在需要精准记住拼写时，要少用谐音。

2. 增减倒字

增减倒字的意思是，在原词的基础上增加一些字，或者减少一些字（也就是提取关键字），或者把顺序倒过来，看看能否变成具体形象，有时候也要适当使用谐音。比如"信用"增加字想到"信用卡"，"文化"增加字想到"文化衫""文化墙"，"王峰"倒过来谐音可以想到"蜂王"，我的一位同学名叫"任文思"，倒过来谐音是"斯文人"。

3. 拆合联想

这相对有一点难度，就是把词语分别拆开，组成词语后转化成形象，再用这些形象编故事，把它们变成一个画面。比如"金融"可以由"金"想到金子，"融"想到熔化，就可以转化为金子熔化的画面。比如"理念"，由"理"想到总理，"念"想到念书，转化的画面是总理正在念书。

如果词语比较长，不要一个字一个字拆，看看有没有熟悉的词语，比如"布宜诺斯艾利斯"，"布宜"谐音为"布衣"，"艾利斯"谐音想到《爱丽丝漫游奇境》里的"爱丽丝"，"诺斯"谐音为"螺丝"，想象穿着布衣的男子拿着螺丝跟爱丽丝求婚，被拒绝了。要注意，拆开后再组合时尽量按照顺序来联想，方便还原出原词。

4. 相关联想

这个相对简单一些，由这个词想到相近、相反等有逻辑关联的形象，一般会借助过去的知识储备。比如"天津"会想到狗不理包子，"法国"会想到埃菲尔铁塔，"经济"会想到钱、银行、房子、商场等画面。比喻也是一种常用的相关技巧，比如"理想"一般被比喻成灯塔，"首都"被比喻成心脏，"和平"很容易就想到鸽子。

5. 综合联想

就是以上两种或三种方法一起上阵，比如"思考"这个词我通过"相关联想"想到"思想者"这个雕塑，为了突出是"考"而不是"想"，可以想象思想者手拿试卷在考试。比如"成就"这个词会想到"奖杯"，但由"奖杯"还原时可能会想到很多词语，比如"荣誉"，此时可以将"成就"谐音为"陈旧"，联想到一个陈旧的布满了灰的奖杯。综合联想一般在需要特别精准记忆时使用。

这五种转化方式可以分别提取关键字"谐、字、拆、关、综"，谐音成一句有意义的记忆魔法咒语："鞋子拆观众"，想象你脱下鞋子把电影院的观众席给拆了。当你以后不会转化抽象词汇时，请你记得默念这句魔法咒语。

同一个词可能会转化为不同的形象，开始训练时可以尝试多想一些，拓展自己的发散思维能力，然后从中挑选出最简单最形象的。比如"民主"，可以谐音想到"民族""明珠""名著"，相关想到"民主投票"，也可以拆合想到"农民遇见主席"，我会挑选"民主投票"这个形象。比如"和谐"，谐音会想到"河蟹"，倒字谐音想到"鞋盒"，相关会想到"和谐号动车"，拆合想到"和尚提着鞋子"，我最常用的是"和谐号动车"。

魔法练习　抽象词汇转化成形象

　　请将下列词语使用"鞋子拆观众"的魔法咒语，转化成具体的形象，可以把你能够想到的都写出来，并且把你觉得最简单最形象的打上"√"。如果你可以直接用简笔画画出来，那就更棒啦！

抽象词汇	形象画面
意义	
原因	
综合	
论点	
过程	
兴趣	
性格	
信仰	
地理	
历史	
哲学	
逻辑	
学习	
探索	

参考联想可以在微信公众号"袁文魁"（ID：yuanwenkui1985）后台回复"抽象词汇转化"，查看向燚、姜涛、江丹三位同学的分享。

魔法练习　外国地名记忆训练

下面是几个比较长的外国地名，请将其转化为形象来记忆。

（1）厄瓜多尔　（2）尼加拉瓜　（3）爱沙尼亚
（4）圣马力诺

记忆魔法学徒分享：

（1）厄瓜多尔

张乔：谐音为"恶瓜多耳"，想象一个表情很凶恶的南瓜长着很多耳朵。

罗珺予："厄"谐音想到恶魔，恶魔给西瓜施加了魔法，让它长出很多耳朵。

（2）尼加拉瓜

齐建："尼"谐音为"泥"，"加"谐音为"家"，在全是泥巴的家里拉西瓜，真的是非常费劲！

陈蔺：谐音为"你家拉瓜"，想象我到你家里去拉西瓜。另外，"拉瓜"在武汉方言里是"脏"的意思，意思是你家里很脏！

（3）爱沙尼亚

张乔：谐音为"爱杀你呀"，想象在玩"狼人杀"，其中一个人说："我就是爱杀你呀！"

尹姝文："爱沙尼"谐音为"爱上你"，"亚"谐音为"哑巴"，我爱上你却说不出口，因为我是一个哑巴。

（4）圣马力诺

罗珺予：神圣的马力大无穷，用头推动了诺亚方舟。

方凌哲："圣"想到古代的圣人，"诺"谐音为"落"，圣人骑着马用力地落到地上。

魔法练习　中国人名的记忆

下面的人名选自梁山108好汉，请用抽象转形象的方式进行记忆。

陶宗旺　郝思文　呼延灼　单廷珪　皇甫端

郑天寿　安道全

记忆魔法学徒（韩广军、王佳诚、刘丽娜）分享：

姓名	记忆方式
陶宗旺	陶瓷杯子上有一只棕色的旺财狗。
郝思文	谐音为"好斯文"。
呼延灼	呼啦圈在道路延长线上滚动时灼烧了起来。
单廷珪	我用扇（单）子扇宫廷里的一只小乌龟（珪）。
皇甫端	皇帝将一盘果脯端在手里。
郑天寿	政（郑）治家今天在给人家祝寿。
安道全	在公安局的走道里，犯人戴着安全帽往前冲。

（二）抽象数字转化训练

数字虽然只有 0 ~ 9 这 10 个，但随机组合之后顺序不好记，记忆大师的秘密武器就是数字编码，也就是将数字 00 ~ 99 分别转化成具体的形象。国外记忆大师的转化方式比较复杂，中国人一般通过发音、形状和意义来转化。

从发音的角度，谐音是用得最多的，比如 14 谐音为"钥匙"，15 谐音为"鹦鹉"，21 谐音为"鳄鱼"，23 谐音为"和尚"。也有一些是拟声，比如 55 的声音类似火车的呜呜声，所以 55 的编码是"火车"，44 像是蛇发出的咝咝声，所以 44 的编码是"蛇"。

从形状的角度，有少量的数字比较像具体的实物，比如 1 的形状像蜡烛，2 的形状像鹅，3 的形状像耳朵，10 的形状像棒球棍加上一个棒球。

从意义的角度，主要是相关的联想，比如节日，三八妇女节、六一儿童节，我们可以分别挑选一位典型的妇女和儿童的形象。有时也会用到一些知识，比如传说猫有9条命，所以09的编码是猫。

根据这三种转化方式，任何数字都可以想到很多种，比如35，谐音可以想到"山虎"或"珊瑚"，相关可以想到555牌香烟，我们可以从中挑选比较形象且生动的，作为自己常用的数字编码。

下面我提供我教学常用的一套编码，供大家在记忆数字时参考。高清图片和视频讲解版，请在微信公众号"袁文魁"（ID：yuanwenkui1985）后台回复"数字编码2020"获得，部分编码和图片你可以根据自己的情况进行调整。

记忆魔法师数字编码 2020 年文字版

01 灵药：灵芝	02 铃儿	03 三脚凳（形）	04 零食：瓜子
05 手套（形）	06 手枪（6发子弹）	07 锄头（形）	08 溜冰鞋（8个轮子）
09 猫（9条命）	10 棒球（形）	11 梯子（形）	12 椅儿
13 医生	14 钥匙	15 鹦鹉	16 石榴
17 仪器：酒精灯	18 腰包	19 衣钩	20 按铃
21 鳄鱼	22 双胞胎	23 和尚	24 闹钟（1天24小时）
25 二胡	26 河流	27 耳机	28 恶霸：强盗
29 恶囚	30 三轮车	31 鲨鱼	32 扇儿
33 闪闪红星	34 （凉拌）三丝	35 山虎	36 山鹿
37 山鸡	38 妇女（节日）	39 三角尺	40 司令
41 蜥蜴	42 柿儿	43 石山	44 蛇（咝咝声）
45 师父：唐僧	46 饲料	47 司机	48 丝瓜

49 湿狗	50 奥运五环（5 个环像 0）	51 工人（节日）	52 鼓儿
53 武松	54 巫师	55 火车（呜呜声）	56 蜗牛
57 武器：坦克	58 尾巴：松鼠	59 蜈蚣	60 榴梿
61 儿童（节日）	62 牛儿	63 流沙：沙漏	64 螺丝
65 尿壶	66 溜溜球	67 油漆刷	68 喇叭
69 料酒	70 冰激凌	71 机翼：飞机	72 企鹅
73 花旗参	74 骑士	75 起舞：舞者	76 汽油桶
77 机器人	78 青蛙	79 气球	80 巴黎铁塔
81 白蚁	82 靶儿	83 芭蕉扇	84 巴士
85 宝物：元宝	86 背篓	87 白旗	88 爸爸
89 芭蕉	90 酒瓶	91 球衣	92 球儿
93 旧伞	94 教师	95 救护车	96 旧炉
97 酒器	98 球拍	99 脚脚	00 望远镜（形）
0 游泳圈（形）	1 蜡烛（形）	2 鹅（形）	3 耳朵（形）
4 帆船（形）	5 秤钩（形）	6 勺子（形）	7 镰刀（形）
8 眼镜（形）	9 口哨（形）	—	—

注：（1）大部分是使用谐音，除此之外都在括号里标明，个别编码看图片会更加清晰，比如 03 三脚凳，0 代表着圆形的凳面，3 代表三条腿。

（2）有一些转化后依然还不够具体，冒号后面代表着进一步转化的形象，比如 58 的编码是"尾巴"，因为松鼠的尾巴特别大，所以联想到松鼠；17 谐音想到"仪器"，但是仪器的种类繁多，所以挑选"酒精灯"作为代表。另外，里面的爸爸、妇女、儿童、医生等，大家也可以想到自己熟悉的人物。

（3）国外的记忆大师有使用三位数编码的，从 000 至 999 共有 1000 个，我也在 2010 年时编了一套，原理和上面是一样的。比如 102 谐音为"衣领儿"，314 谐音为"摄影师"；111 由形状想到"梅花桩"；从意义的角度，119 想到消防员，214 想到情人节的玫瑰花，798 想到北京的 798 艺术区。初学者可以不用刻意去编三位数编码，因为掌握起来需要一两个月，并不划算。

（三）抽象图形转化训练

抽象的图形，记忆起来也很令人抓狂，《最强大脑》上辨识指纹、虹膜、脸谱等项目，考查的就是抽象图形转化成具体形象的技巧。世界记忆锦标赛®上有一个项目叫"抽象图形"，每一排有 5 个"四不像"的图形，需要快速记忆每一排的顺序，要做的第一步也就是转化成形象，下面的三排大家可以尝试着挑战一下。

我们在观察时主要有五个角度：整体、局部、纹理、留白、脑补。

从整体上看，第一排第二个图形，像一只张开翅膀的小鸟；第二排第二个图形，像一只跳跃的兔子。

从局部来看，第一排第一个图形，上面伸出来的部分像兔子的耳朵；第三排的第四个图形，左边和上边的部分像一个对话框。

从纹理来看，第一排第四个图形，里面黑色的斑点很像奶牛或瓢虫；第二排第一个图形，里面像是浅浅的花生纹路或者是水的波纹。

留白是指图形里面中空的部分，从留白来看，第一排第三个图形，下面空出的部分是个三角形，可以想成三角板的形象；将第二排第一个图形逆时针旋转 90 度，里面的两个空白像是面罩上的眼睛。

脑补就是把图形当成另一个大图的局部，通过想象来脑补出其他的部分。比如第二排第一个图形，像蓝精灵的头，可以将身体其他部分脑补出来。

每个抽象图形根据上面的五个角度，都可以想到不同的形象，只需要从中挑选出最容易想到的即可。这是一个非常棒的训练观察力和想象力的练习，更多训练素材可以在公众号"袁文魁"（ID：yuanwenkui1985）后台回复"比赛试题"获得。想知道记忆大师如何在比赛中记忆抽象图形，可以阅读《学霸记忆法：如何成为记忆高手》这本书。

下面是我的学生贾钰茹练习后通过整体和脑补两种方式画出来的图像。

（贾钰茹 / 绘图）

这种方法在地理学科可以派上用场，能够帮助我们记忆国家或者省份的轮廓图，因为地图不便在书里呈现，请在公众号"袁文魁"（ID：yuanwenkui1985）回复"中国地理"，获取中国16个省市轮廓图的形象联想图片。

四、想象力的提升技巧

到这里，文字、数字和图形的转化技巧我都已经分享了，你可能会发现，好需要想象力啊！不要紧，不是谁一开始就是想象力丰富的。著名学者吴克杨在《创造之秘》这本书里说："想象力不是生来就有的先天素质，而是后天开拓的结果，它是完全能够培养的一种能力。"

那么，想象力如何激发出来呢？

一是要多看一些想象力丰富的影视作品或者动画片，比如《哈利·波特》《阿凡达》《黑客帝国》《奇异博士》《猫和老鼠》等。

二是处处留心，观察天上的云彩、墙上的斑点、地上的水渍、地板的纹路，可以看看像什么，你会发现很多有意思的东西。你可以用我拍摄的两张照片来训练一下，看看你发现了什么。

三是看一些小说或诗歌时，在脑海中自己想象画面，再对照相关的影视作品或者插图，比如看《西游记》，我听过评书版，看过连环画版，再和电视剧来对照。

四是和小朋友以及想象力丰富的人一起玩耍和交流，让自己僵化的大脑活跃起来。这本书上的练习，也可以和小伙伴一起交流，三个臭皮匠，顶个诸葛亮。

五是通过前面的抽象图形训练，让你的想象力不断精进。

创造学之父奥斯本说："想象力是人类能力的试金石，人类正是依靠想象力征服世界的。"想要征服记忆的魔法世界，想象力也是你必备的能力哦！

（袁文魁／摄影）

魔法小结

形象记忆法是将要记忆的材料转化为脑海中的形象，从而帮助我们用右脑来进行记忆。本节主要从静态形象、动态形象、抽象转形象、想象力提升四个方面分享了技巧。

静态形象，我们进行了照相记忆训练，在观察的基础上，通过视觉残留和语言描述，加上多次检测和强化细节来清晰成像。

动态形象，通过形象活化训练和情境画面冥想训练，从视觉、听觉、嗅觉、触觉、动感全方位去感受形象，唤醒我们大脑的想象力。

抽象转形象训练的技巧分别如下：

文字转化的技巧包括谐音联想、增减倒字、拆合联想、相关联想、综合联想，组成记忆魔法咒语："鞋子拆观众"。

数字转化的技巧包括发音、形状和意义。

图形转化的技巧包括整体、局部、纹理、留白、脑补。

想象力提升的技巧包括：看想象力丰富的影视作品，观察云彩等并想象画面，看小说或诗歌来想象画面，和想象力丰富的人交流，做抽象图形的转化训练。

第二节　配对联想法

"天对地，雨对风，大陆对长空。山花对海树，赤日对苍穹。"熟悉《笠翁对韵》的朋友，对这句话应该耳熟能详，这里面的信息都是成对出现的。在我们要记忆的信息里，也有很多是成对的，比如面孔与名字、单词与意思、作家与作品、商品与价格等。在考核时提供其中一项，需要回忆出另外一项。

死记硬背成对信息容易遗忘，还会张冠李戴，就好像两个陌生人要彼此熟识，需要更多的时间建立信任感，而如果有熟人介绍，则能够比较快就彼此交心。在记忆里，"联想"就相当于熟人，负责牵线搭桥，将记忆加固。

塞巴斯蒂安·莱特纳在《学习这回事》里提出："当两个联想物件在半秒内交替出现时，大脑会对两个智力反应结果间、信息和动作间、刺激和反应间、问与答间的关系，以最快最好的方式将这两个联想物件联结起来，这就是所谓的'联想'。"

当然，这里指的是"无意识联想"，是大脑进行的自动化操作，但如果两个信息之间缺乏联系，就需要我们使用一些技巧来联想。我从形象信息、抽象信息、图文信息三个方面来举例讲解方法，并且分享在学习生活中应用的案例。

一、形象信息配对联想

形象信息在脑海中容易产生画面，比如"苹果""面包""手机"等，一般我们将两个形象信息联想的技巧是"找共同点"，包括在音、形、义等不同的维度上。比如"扫帚"和"菜刀"，从形状来看有一些类似，都有长柄和一个扁平的面；从意义上看，都属于家居生活用品。比如"菠萝"和"鸭脖"，可以发现"菠"和"脖"的读音比较接近。但因为家居生活用品有很多，读音为"bo"的字也有很多，所以这种配对还比较松散，有时候可能会把另一半弄错，导致"乱点鸳鸯谱"。

记忆魔法师常用的形象信息配对联想的方法有四种：

（一）主动出击法

在脑海中分别呈现出两个形象，让其中一个主动对另一个发生动作，使它们彼此接触并且产生一定的影响，记忆大师在记忆数字时，此种方式用得最多。

比如"扫帚"和"菜刀"，可以想象扫帚把菜刀当垃圾扫进了垃圾堆里，或者想象用菜刀将扫帚砍成了两半。又比如"手枪"和"油漆"，想象手枪打中了油漆桶，里面的油漆四处飞溅，或者想象用油漆刷子把手枪刷成了绿色。

有时候适当加一些反常效果，记忆可能会更深刻。比如"锤子"和"玻璃杯"，用锤子砸玻璃杯，结果玻璃杯纹丝不动，而锤子却碎成粉末。这是一个药品的创意广告，暗示装过这个药的玻璃杯可以百病不侵。

（二）另显神通法

除了运用形象自身的动作，还可以借用类似物品的特征动作，进行夸张的联想，我称之为"另显神通法"。比如"扫帚"可以当成高尔夫球杆，把菜刀打飞出去；把"扫帚"当成苍蝇拍，拍到菜刀上面，菜刀"啪"地裂成了两半。

在我的面授课程上，助教韩广军老师会带大家做一个游戏：此椅非椅。每个同学需要上来赋予椅子一种神通，让这把椅子不是椅子，而是变成其他的东西。同学们的脑洞很开，把椅子变成了手机、举重的杠铃、叉子、背篓、雨伞、扇子、吉他、汽车、跑步机、板擦、轮椅、篮筐、扫把、梯子、舞伴等上百种东西，这就是"另显神通法"非常直观的呈现。

（三）媒婆牵线法

又称"中介法"，通过一个中间事物将二者建立联想。"扫帚"和"菜刀"之间，我想到了三种联想方式：

（1）由菜刀想到了"菜"，把菜作为中介，用菜刀切菜产生了垃圾，用扫帚将垃圾打扫干净。

（2）由"扫帚"的材料想到"竹子"，用菜刀砍了很多竹子做成扫帚。

（3）由"扫帚"想到了哈利·波特，想象哈利·波特骑在扫帚上面，手里拿着一把菜刀在打魁地奇比赛。

（四）双剑合璧法

就是将两个物品组合在一起，变成一个新的东西。比如铅笔加橡皮就变成了带橡皮的铅笔，汽车加船就变成了水陆两用的气垫船。有时候，可能是其中一个东西替代了另一个东西的局部，比如橘子和汽车，想象一下橘子变成了汽车的四个轮子。

（贾钰茹／绘图）

接下来我举两组需要配对的形象信息，示范如何用不同的方式来进行联想。

第一组：灯泡 VS 水龙头

主动出击法：

打开水龙头用水冲洗灯泡。

把灯泡拧进水龙头下面的孔里。

把灯泡砸到水龙头上，灯泡的玻璃变成碎片。

另显神通法：

水龙头变成生产灯泡的机器，灯泡源源不断从里面出来。

媒婆牵线法：

水龙头流出的水淋到水车上发电，电点亮了灯泡。

双剑合璧法：

水龙头下面安着一个灯泡，灯泡下面有一些小孔，既可以照明又可以洒出水来。

灯泡安装在水龙头上，一摸灯泡它就感应点亮，就会自动出水。

（贾钰茹／绘图）

第二组：铅笔 VS 头发

主动出击法：

用铅笔画美女的头发。

头发缠绕住正在写字的铅笔，把它缠得不能动弹。

另显神通法：

把铅笔当成飞镖飞出去，扎中了头发。

用铅笔当发簪插进头发里。

媒婆牵线法：

美女用小刀在削铅笔，不小心削掉了几根头发。

从头发上取下扎头发的橡皮筋，将一把铅笔捆起来。

双剑合璧法：

铅笔上面长满了头发，变成了一个"铅笔人"。

一根头发绑住了一支铅笔，变成寺庙里迷你版的撞钟木头。

我们在平常训练时，可以先以一种方式为主，逐步适应这四种不同的方式。我使用主动出击法的频率最高，但也会根据情况灵活使用其他方式。上一章我们熟悉了数字编码，可以随时随地拿出两个编码来进行这样的配对练习。

魔法练习　形象词汇的配对联想

下面我列出了 10 组词，每一组请至少想到 3 种联想方式，并且将它们写下来。完成后，你可以和你的小伙伴一起头脑风暴！

（1）珍珠 VS 水杯

（2）飞机 VS 话筒

（3）台灯 VS 酱油

（4）棒棒糖 VS 咖啡

（5）粉笔 VS 键盘

（6）婴儿 VS 足球

（7）项链 VS 彩笔

（8）石头 VS 西瓜

（9）地毯 VS 牛

（10）巧克力 VS 银行

魔法练习　食物与日用品配对联想

　　有些食物可以达到日用品的功效，请尝试用配对联想法记忆，并将你的想法写下来。

美容大餐	日用品	配对联想
菠菜	眼药水	
樱桃	润唇膏	
猕猴桃	牙膏	
鸡蛋	护发素	
香蕉	润肤露	
鸡肉	护甲油	
柠檬	减肥药	

测试时间：

美容大餐		菠菜		鸡肉	猕猴桃		鸡蛋
日用品	减肥药		润肤露			润唇膏	

　　记忆魔法学徒（姜涛、陈诗发、江丹、郑开心等）分享：

（1）菠菜 VS 眼药水

　　菠菜叶子上挤出水，滴到眼睛里当眼药水。

　　用十几瓶眼药水倒在盆子里洗菠菜。

　　由"菠菜"想到爱吃菠菜的大力水手，大力水手眼睛不舒服在滴眼药水。

（2）樱桃 VS 润唇膏

在樱桃小嘴上涂润唇膏。

我手里拿着一颗樱桃，挤出水涂抹在嘴唇上来润唇。

（3）猕猴桃 VS 牙膏

小朋友刷牙用猕猴桃味的牙膏，挤出来是绿色的。

猕猴桃上长着很多毛，我涂上了牙膏将毛刷掉。

（4）鸡蛋 VS 护发素

把鸡蛋打碎让蛋清流入护发素的瓶子里。

洗完头发，发现护发素用完了，打一个鸡蛋抹在头上，头发马上油光闪亮。

（5）香蕉 VS 润肤露

把香蕉打成汁，洗澡时涂抹在身上当润肤露，滑滑的，很舒服。

我在吃香蕉前，用润肤露洗干净香蕉皮，连皮一起吃了进去。

（6）鸡肉 VS 护甲油

在肯德基吃完鸡肉，指甲上面全是油，可以保护指甲让它更有光泽。

我把护甲油涂在鸡的爪子上，太阳一照，金光闪闪。

（7）柠檬 VS 减肥药

柠檬一挤，里面的汁就出来了，瘪下来就相当于减肥了。

我吃了柠檬就会拉肚子，然后就吃不下饭，一天就减了好几斤呢。

二、抽象信息配对联想

形象信息的配对联想相对简单，我们在平时的学习中，更多接受的是抽象信息。最多的是文字信息与文字信息之间的关系，比如历史里会学到《海国图志》的作者是魏源，我们需要将"海国图志"和"魏源"这两个信息对应记住。一般来说，抽象文字信息之间的配对有三种方式：

（一）关键字组合法

当我们对于两个信息都比较熟悉时，可以各自挑选出一个字或多个字，组合起来正好是我们熟悉的词语或句子。比如"智利"的首都是"圣地亚哥"，可以挑选"智"和"圣"，组合起来谐音想到"圣旨"；"文莱"的首都是"斯里巴加湾市"，可以挑选"文"和"斯"，组合起来就是"斯文"。这个熟词就是一个"配对环"，将两个信息联结在一起。

（二）先转再配法

先将抽象文字通过上一章的魔法咒语"鞋子拆观众"，分别转化为形象信息，再进行配对联想。比如"适应"和"分析"，"适应"谐音想到"石英"，"分析"相关想到"显微镜"，想象用显微镜在观察分析石英的组成成分。

一些特别熟悉的词语，可以只挑选关键字词的形象，比如"阿姆斯特丹是荷兰最大的城市"，"阿姆斯特丹"可以由"阿姆"想到自己的妈妈，由"荷兰"想到其典型的代表就是"风车"，想象妈妈在荷兰爬上了大风车。

（三）组合转化法

先将两个要记的信息观察分析，看看有没有一些联系，再灵活地进行整体形象转化。比如"统率"和"沟通"，可以很容易想到统帅在沟通，想到一个将军和部下沟通事情的画面；"成就"和"行动"，通过逻辑可以想到，要想有所成就，就必须有所行动，想到一个奥运冠军通过努力奔跑，最终夺得金牌的画面。

第二种和第三种的区别在于，第二种是不管看没看到对方，先把自己转化了再说，操作比较"傻瓜式"，容易上手，如果先看到一个词，过一段时间才能看到配对的词，使用此法较好；第三种是先看到对方，根据情况来灵活转化，会更有针对性，一般我更常采用此法，如果不太容易想到，再换第二种方式。

我以两对词语为例，让你更清楚地看到它们的区别。

第一组：统筹—信仰

先转再配法： 看到"信仰"我会很快想到寺庙，"统筹"用拆合和谐音想到一桶筹码，配对想到我拿着一桶筹码到寺庙里去捐善款。

组合转化法： 由这两个词语我想到了电影《少年派的奇幻漂流》，主人公帕帖尔的信仰包括印度教、基督教、伊斯兰教等，想到他在纸上统筹规划，如何让参加不同宗教活动的时间不冲突。

第二组：和谐—经济

先转再配法： "经济"会想到"金鸡"，"和谐"会想到"和谐号动车"，一只金鸡在和谐号动车里扑腾着翅膀到处乱飞。

组合转化法： 由"经济"瞬间会想到"经纪人"，然后就想到某位著名影星与他的前经纪人之间不和谐的事件。

魔法练习　国家与首都的配对记忆

想要周游世界需要有一些地理常识，下面是五个国家对应的首都，请尝试进行配对记忆吧，并将你的想法写出来。

国家	首都	配对联想
巴林	麦纳麦	
尼泊尔	加德满都	
马尔代夫	马累	
古巴	哈瓦那	
秘鲁	利马	

测试时间：

国家	巴林	尼泊尔		古巴	秘鲁
首都			马累		

记忆魔法学徒分享：

（1）巴林—麦纳麦

陈德永："巴林"拆合为"停满巴士的树林"，"麦纳麦"谐音为"卖那麦"，最终想象的画面是，我在停满巴士的树林里卖那麦子。

钱娓："巴林"拆合加谐音想到"爸爸的树林"，"麦纳麦"由"麦纳"想到"麦辣鸡腿堡",想象一下爸爸在树林里种了长着麦辣鸡腿堡的麦子。

吕柯姣:关键字组合法,由"巴""麦"想成"拔麦子",或者"把脉"。

(2)尼泊尔—加德满都

陈德永:直接谐音想到"你不二,假的蛮多"。想象我有个朋友,看起来很二的样子,但实际他装假装得蛮多的,经常暗地里使坏害别人。

张舒:"尼泊尔"很容易想到尼泊尔水怪,想象尼泊尔水怪把开水瓶加得满满的都是水。

郑开心:"尼泊尔"想到"苏泊尔"压力锅,里面加得满满的,都是水,都溢了出来。

(3)马尔代夫—马累

白宇晨:"马尔代夫"拆合想到马耳朵上挂着袋子,袋子里装着一个车夫,马累得趴下了!

错误示范:马尔代夫的马很累。

魔法点睛:这句话只是左脑的语言描述,"马尔代夫"换成任何国家都可以,马很累也没有具体的表现,所以联想还不够紧密。马尔代夫是度蜜月的天堂,可以想象成有很多马的小岛,很多对夫妻都骑在一匹马上,这马当然就累趴下了。

(4)古巴—哈瓦那

张超:由"古巴"谐音想到"古堡",想象哈利·波特把瓦片放在那座古堡上面，去修补它漏雨的地方。

魔法点睛："那座"比较抽象，可在脑海中呈现两座古堡，比较远的可以定义为"那座"。

（5）秘鲁—利马

白宇晨：便秘的人吃了过期的卤制品，立马就拉了肚子。

田鑫："秘鲁"谐音为壁炉，在壁炉旁边立着一匹马。

魔法练习　作家与作品的配对记忆

无论你是学习语文，还是阅读书籍，记住作家对应的作品都有必要，《最强大脑》武汉选手王国林，可以把自己书店里的书名、作者、出版社全部记牢。下面列出了五部中外名著，请配对记忆其作者，并且分享你的想法。

作家	代表作	配对联想
司汤达	《红与黑》	
福楼拜	《包法利夫人》	
雨果	《悲惨世界》	
李汝珍	《镜花缘》	
李宝嘉	《官场现形记》	

作家	司汤达		李汝珍	李宝嘉
代表作	《包法利夫人》	《悲惨世界》		

记忆魔法学徒分享：

（1）司汤达《红与黑》

官晶：司机载着汤，到达一个红与黑为主色调的房子前。

付春蕾：司机喝的汤一半红一半黑，简直难以下咽。

（2）福楼拜《包法利夫人》

杜星默：幸福的售楼部销售员，去拜访包了法拉利车的夫人。

阴亮：夫人扶着楼梯说拜拜，声音很有爆发力（包法利）。

（贾钰茹／绘图）

（3）雨果《悲惨世界》

陈进毅：我饿得快不行了，看见雨把苹果冲到阴沟里，我瞬间哭了，感觉这个世界太悲惨了。

辛鸿博：大雨打落了果实，地上全部都是，农夫很悲惨地哭了起来。

（4）李汝珍《镜花缘》

付春蕾：吃完李子的女（汝）孩戴上珍珠项链，到装满镜子的花园（缘）里对着镜子打扮。

靳亭亭：你（李）将乳（汝）酸菌珍藏起来，然后进入京华园（镜花缘）去寻找草药。

（5）李宝嘉《官场现形记》

辛鸿博：想象你抱着宝物夹（嘉）子，打开一照，就能让官员现出原形。

庞晓珊：你要举报贪官，他说："你报价（李宝嘉）。"你说："别想收买我，我只想让你现出原形！"

错误示范：

（1）司汤达气得脸又红又黑。

（2）福楼拜被包法利夫人包了。

（3）雨果有个悲惨的世界。

（4）李汝珍喜欢看《镜花缘》。

（5）李宝嘉一到官场，狗尾巴就现形了。

魔法点睛：这是一个典型的错误，名字没有形象转化，如果把名字换成其他作家，一样都可以说得通，所以这样的配对是"假配对"。当然，如果你清楚作家长什么样子，比如李汝珍，可以直接想象其形象，但也要注意配对时不能只是陈述，比如李汝珍喜欢看《镜花缘》，因为换成他喜欢看其他作品都是可以的，所以配对联想一定要有具体的画面，建立比较紧密的联结。如果对作品名字比较熟悉，提取关键字"花缘"即可，想象李汝珍拿着钵在花丛里找人化缘。

三、图文信息配对联想

有些特定的场合，我们还需要将图像信息与文字信息进行配对，比如记忆省市轮廓对应的省市名称，记忆国旗对应的国家名称，记忆面孔对应的人名，记忆各种 logo 对应的品牌名称。图文之间的配对联想，可以将抽象的图形和文字分别转化成形象后再配对，我就拿国旗对应的国家来举例，请看下图的六面国旗。

印度	克罗地亚	黎巴嫩
伊朗	莫桑比克	危地马拉

魔法点睛：

印度：国旗中间有一个圆形，非常像一个印章，里面的花瓣将它分成了度数相同的弧线。

克罗地亚：由"罗"想到"萝卜"，中间盾牌的形状像萝卜，红色下面是土地，所以"克罗地亚"联想成一根萝卜插在地上，压了进去！

黎巴嫩：谐音为"泥巴嫩"，想象下方红色的是泥巴，它让中间的这棵树长得非常嫩。

伊朗：中间像一只动物，如果"伊朗"谐音为"一狼"的话，可以想象它是一匹狼。另外，白色部分像是一条走廊，所以"伊朗"也可以谐音为"一廊"。

莫桑比克：左边是锄头和步枪挡在一本书前面，正好"比克"发音类似于"书"的英文"book"，整体谐音为"莫伤book"，所以用武器来保护它。

危地马拉："危地马拉"很容易想到在危险的地方把马拉住，或者在跑马拉松，国旗中间的卷轴写着"警告"的话，后面应该是比较危险的禁区，到这里还是拉住马赶紧返回吧！

测试时间：

魔法小结

　　配对联想法是将两个信息通过联想建立配对，想到其中一个就能够想到另一个，本节主要从形象信息、抽象信息、图文信息三个方面进行讲解。

　　形象信息配对联想的四种方法：

　　1. 主动出击法。

　　2. 另显神通法。

　　3. 媒婆牵线法。

　　4. 双剑合璧法。

　　抽象信息的三种方法：

　　1. 关键字组合法。

　　2. 先转再配法。

　　3. 组合转化法。

　　图文信息配对联想的方法，将抽象的图片和文字分别转化为形象之后再进行配对。

　　配对联想法以形象记忆法为基础，需要熟练掌握抽象转形象的能力，同时能够灵活创造信息之间的联系，这需要我们的理解力、分析力和想象力。多多练习配对联想法，你会发现宇宙万物都可以彼此联系。这根魔棒是下一根魔棒"定桩联想法"的基础，它可是一根更加强大的魔棒哦，完成本节的练习，我们再继续修炼新的魔棒吧！

第三节　定桩联想法

一位患者问聪明的阿凡提："我的记忆力衰退，每想起一件事，它就像长了翅膀，非常容易就从我的脑子里跑掉了，您看能治吗？"阿凡提说："能治，以后每想起一件事的时候，请您用一根绳子把它牢牢地拴住！"

这虽然是一个笑话，但今天要学习的定桩联想法，就相当于是用绳子分别拴住要记忆的信息。我们首先要认识"桩子"。桩子是已经熟悉的、有顺序的、有特征的一系列形象，我们把需要按照顺序记忆的信息，分别和每一个桩子进行配对联想。就像我们有 10 个柜子，分别贴上 1 ~ 10 的号码，现在把 10 件宝贝分别藏在柜子里，我们可以按顺序正着、反着说出每个柜子里的宝贝，也可以随意点哪个宝贝说出对应柜子的序号，这就是所谓的倒背如流和任意点背。

什么样的东西可以作为记忆桩呢？我们根据顺序的类型，以及是否熟悉和形象，可以创造出不同类型的桩子。

1. 空间顺序。在我们熟悉的房间或景点，按顺序找不同的地点或物品，熟记之后即可作为"地点桩"，或称"路径桩"；按顺序选择身体的部位来定桩，称为"身体桩"；选择任意物品按顺序拆解成不同部位，就是"物品桩"。

2. 时间顺序。一些技能的操作步骤，是按照时间依次呈现的，我们将其分解为不同的动作，就可以作为"步骤桩"，比如每天起床后的步骤：开手机、穿衣服、上厕所、刷牙、洗脸、吃早餐等，步骤桩一般使用得较少。

3. 常识顺序。熟知顺序且比较形象的常识信息，比如十二星座、十二生肖等，可以直接作为记忆桩。有顺序但形象性不够的，可以转化之后作为桩子，比如熟悉00～99的形象编码后，就可以将其作为"数字桩"；将字母A～Z分别进行编码后，就可以将其作为"字母桩"；挑选非常熟悉的诗句、成语、谚语等，将每一个汉字分别转化成形象，就可以将其作为"熟语桩"；而直接把问答题的标题转化成形象，就是"标题桩"，也称为"内定桩"。

根据这个思路，我们其实还可以找到很多不同的桩子，本章我将重点讲解最常用的地点桩、数字桩和熟语桩，掌握它们你就可以触类旁通，创造属于你自己的桩子，帮助你记忆大量的信息。

一、地点定桩法

法国拿破仑将军以记忆力好著称，据说他能对几千名士兵的名字过目不忘，他有一句名言："我是靠记忆力与敌人作战的。"他还说："一切事情和知识在我的头脑里安放得像在橱柜的抽屉里一样，只要打开一定的抽屉，就能取出所需要的材料。"他所使用的方法，可能就是地点定桩法。

地点定桩法起源于古希腊。古罗马的西塞罗在《论演说家》里讲述了这个故事：著名的诗人西蒙尼戴斯，在一场宴会上面吟诵了一首抒情诗来赞美主人，同时也赞美双子神卡斯托耳和波吕克斯。这位主人生性比较吝啬，他说他只会付给诗人一半的酬劳，另一半要诗人向双子神去讨要。

没过多久，门外有两个人要见一下西蒙尼戴斯。当他来到门外时，整个宴席大厅的屋顶突然塌了，主人和全部的宾客都被压死了。原来这信使是双子神变的，特来救他一命，以此作为给他的酬劳。西蒙尼戴斯凭借自己的记忆，回忆起每个人的位置，帮助死者家属辨认了尸体，让他们能够入土为安，他也因此有所领悟：排列有序是记忆的关键。

《论演说家》里说："他推断，要想训练这种记忆力的人必须好好选择自己想要记住的事物，并把它们构思成图像，然后将那些图像储存在各自选好的场景里，这样，那些场景位置的顺序就会维系事物的顺序，这样就能通过事物的图像标示出事物本身。这些场景和图像就好比可供书写的蜡板和写在蜡板上的字。"

在古罗马时期，没有纸笔和电脑，元老院的长老们为了演说和辩论，必须记住大量知识才能出口成章，立于不败之地。他们注意到自己家里的家具、器皿的摆设是固定不动的，如果把需要记忆的内容与每样物品进行联想，那么只要想起物件就可以想起所记忆的内容了，这样就解决了"按顺序记"的难题，这种方法被称为"古罗马室法"，也称作"记忆宫殿法"。

这种方法在明朝时由利玛窦传到中国，他当时创作了一本书，叫作《西国记法》，也就是在港剧《读心神探》里出现的《记忆宫殿》，而英剧《神探夏洛克》里福尔摩斯也拥有此神技。韩剧 *Remember* 中的天才少年徐振宇讲过一段话："记忆不是背的，是用照片拍的，我脑海里有好几个房间，选出一个，再把照片放进去，需要的时候拿出来用就可以了！"这些编剧肯定都是"记忆宫殿"的狂热爱好者。

世界记忆大师也都是使用记忆宫殿的高手，《最强大脑》第四季里，武汉大学选手尤东梅挑战"小人国之旅"时，直言采用的是"地点定位法"，她说："这个记忆方法是可以通过训练来掌握的，稍微学习一点对日常记忆还是挺有帮助的。"

那如何使用地点定桩法呢？我们下面详细来讲解。

（一）打造地点桩

古希腊的《献给赫伦尼》这本书，对地点桩提出了以下要求：

1. 最好在空寂无人或偏僻之处建构记忆的场景，因为嘈杂的环境往往会减弱印象。

2. 记忆的场景不应太雷同，例如，柱子与柱子之间的单调空间就不太理想，因为它们太相似，会令人感到困惑。

3. 记忆的场景还应该大小适中，不能太大，否则会令放置其中的形象不明显；也不能太小，否则一系列的形象排列其中，将会显得拥挤。

4. 记忆的场景光线也不应该太过强烈，否则放置其中的形象会显得刺眼；也不能太阴暗，否则阴影会使形象模糊不清。

5. 各个场景距离应该适中，大约 30 英尺[1]最好（注：我一般设置的是 0.5 ~ 1 米），如果视觉的形象离得太近或太远，都会影响内在

1　一英尺约为 0.3048 米。

的视力。

几千年过去，我们依然还在按照这些要求寻找地点桩，我把它总结为"地点桩黄金五法则"：

1. 熟悉。可以先从我们熟悉的地方开始，比如自己或亲戚朋友家里、学校、办公室、公园等。要储备大量地点时需要去陌生的地方找，一般在脑海中过两三遍就能够记下来，还可以拍照和摄像，回去多复习几遍，也能转化成熟悉的地点。

2. 顺序。一般是按照顺时针的方向来找，有时候逆时针也可以。在一条水平线上尽量不要超过五个，比如超市货架上的一排商品，这样记忆顺序会比较费劲。如果有高低错落和角度变换，会更好一些。

3. 特征。要有突出的形象特征，最好是立体的，类似于挂画、墙壁等过于平面的，初学者还是少用。另外就是同一组不要有相似的，比如把同样的四把椅子都作为地点，这一定会混淆的。

如果想把相同的两把椅子都当作地点，可以选择不同的局部，比如某一把用靠背，另一把用椅子腿。也可以增加一些东西来区别，比如某一把椅子上面加一个厚厚的坐垫。还有一种方式，就是变换它的角度，比如把一把椅子放倒。

4. 适中。除了上面提到的大小、距离、明暗等，我觉得还有一个是角度，如果过于仰视，比如看头顶的吊灯，或者过于俯视，比如看水井里的东西，都会因为角度问题而看不清楚全貌，所以我一般选择在眼睛向上或向下各45度角的范围内，有些情况可以适当蹲一下身子，或者站在椅子上，让视角舒服一点。

角度还和我们离地点的观察距离有关，太近了，地点显得过大，只能看到局部，太远了又看不清楚，所以我一般离它一米左右，如果地点本身比较大，就可以稍微离远一点。就像你在电影院里看电影，坐在太前排或太后排，太偏左或太偏右，看起来都不太舒服，坐在正中间第五、六排比较合适。

5. 固定。就是说找的地点不能是经常移动的，比如一只小狗、一个活人。特别是在经常生活的家里找地点，如果地点变动了，使用起来容易混淆。当然，如果在陌生的地方找，只要我们记下来了，无论它们如何变都没关系，以我们在大脑里记得的为准。

为了帮助你更好地理解，我录制了找地点桩的示范视频，关注微信公众号"袁文魁"（ID: yuanwenkui1985）并在后台回复"地点桩"，就可以看到。

在图片里面找地点桩不够直观，记忆效果很打折扣，我建议大家还是在现实生活中找地点，找地点的步骤如下：

（客厅地点桩示范图片）

1. 概览。大致参观一下这个空间，看看依次有哪些适合作为地点桩。

2. 确定。正式参观，在走动中挑选地点，边挑边数是第几个。比赛选手一般以 30 个为一组，初学者可以尝试先找 10 个。

3. 回想。闭眼回顾一下地点，依次在脑海中回想并说出名字，睁眼去巩固那些没有记住的。

4. 记录。熟悉后将地点桩名字默写在本子上，还可以尝试拍照和摄像保存，在不清晰或者遗忘时方便复习。

5. 熟悉。在脑海中多次回忆地点，达到至少一秒回想一个的速度。

6. 使用。尝试使用地点桩记忆，多次使用后地点就会更加熟悉。

下页是公众号上地点桩示范视频之一的 10 个地点的图片，它们分别是：报架、沙发、方形桌、心形桌、盆栽、空调、饮水机、花瓶、投影仪、水杯。10 张图片并没有呈现出地点之间的空间关系，所以不容易记忆顺序，建议先看看视频版。多次公开演讲的实践证明，大部分人都可以看一两遍视频就全部记住。

地点桩图片示范

1. 报架

6. 空调

2. 沙发

7. 饮水机

3. 方形桌

8. 花瓶

4. 心形桌

9. 投影仪

5. 盆栽

10. 水杯

（二）使用地点桩

在正式使用地点桩前，我们先在脑海中回忆一遍地点，接下来我以"中国十大古曲"为例，将每一个古曲名字转化为具体形象，依次和每个地点桩进行配对联想。杨子悦同学帮我配了图，可以帮助你更好地理解和记忆。

中国十大古曲

《高山流水》

《广陵散》

《平沙落雁》

《梅花三弄》

《胡笳十八拍》

《十面埋伏》

《夕阳箫鼓》

《阳春白雪》

《渔樵问答》

《汉宫秋月》

地点 1：报架，《高山流水》

想象在报架上方有一座山，在往下像瀑布一样流水，水流到黑色的网上，水花四溅，把下面的报纸都打湿了。

地点 2：沙发，《广陵散》

"广"想到广场舞，"陵散"谐音为"零散"，想象在沙发上跳广场舞的人，只有零零散散的几个。如果"零散"不容易记住，可以谐音为"拎伞"，跳广场舞的大妈都拎着伞。

地点 3：方形桌，《平沙落雁》

方形桌上，花瓶的前面平摊着一堆沙子，落下来一只大雁正在吃沙。

地点 4：心形桌，《梅花三弄》

桌面上正好有三朵花，就把它当成梅花，想象一个小人在摆弄着这些花。

地点 5：盆栽，《胡笳十八拍》

胡笳是一种乐器，拿着它在拍盆栽，拍得枝都残了，叶落了一地。如果不知道胡笳，可以转化成狐狸拿着夹子在拍盆栽。

地点6：空调，《十面埋伏》

在空调后面，埋伏着几个拿着武器的士兵。

地点7：饮水机，《夕阳箫鼓》

夕阳下，一个老爷爷把饮水机当成小鼓在敲，把饮水机都给敲扁了。

地点 8：花瓶，《阳春白雪》

在太阳下面有一棵柳树，柳絮飞舞变成白色的雪花，飘落在花瓶上面。

地点 9：投影仪，《渔樵问答》

投影仪上，一个渔夫正在船上捕鱼，一个砍柴归来的樵夫在旁边问他问题。

地点10：纸杯，《汉宫秋月》

一个插着"汉"字旗帜的宫殿建在纸杯的上面，在月亮之下，一个人拿着纸杯喝酒赏月。

现在，复习一遍后，请回忆一下这10个地点桩，可以想出中国的十大古曲吗？

1. _____ 2. _____ 3. _____ 4. _____

5. _____ 6. _____ 7. _____ 8. _____

9. _____ 10. _____

（三）管理地点桩

想要地点桩发挥更大的作用，需要找到大量的地点，一般记忆大师以30个为一组，至少有50组地点，那么如何去管理这些地点呢？我寻找的地点桩，都会用本子记录下来，记录的内容包括在哪里找的地点以及每一个分别是什么。如果条件允许，还会拍摄成视频和图片版，在电脑里专门设文件夹保存。当然，如果找了不用，这些地点也会忘记，所以要在大量使用的过程中把地点熟悉起来。

在使用地点桩时，建议同一组不要一天使用多次，上面的信息容易混淆，如果进行数字、扑克等记忆训练，我一般每组地点每天只用一次。如果要用来记忆需要长期保存的信息，比如背诵《论语》《道德经》等国学经典，我们尽量就用专属的地点，以后不要用它来记忆其他信息。

你会发现，地点桩就相当于电脑的硬盘，可以根据我们的需要来决定上面的信息储存多久，如果内存不足，我们需要再去找新的地点，或者删除掉地点上不需要的信息。删除的方式，就像是清理黑板上的粉笔字一样，一是长时间不管它，让其自然地变淡甚至消失，但这个耗时比较久；二是用其他颜色的笔直接涂抹，就看不清楚原来的内容了，也就是直接记忆新的信息来覆盖旧的记忆；三是想象地点桩上发了大火或者大水，将这些图像毁灭掉，但这样也会有残留。我一般会使用前两种方式，隔两天后用新信息来覆盖地点桩。

同一组地点桩如果使用得过于频繁，比如连续使用三四十次之后，可能就没有新鲜感了，记忆时容易出错，可以考虑让其休息一段时间，就像田地里种农作物一样，久了就没有肥了，需要"抛荒"一段时间。另外也可以"施肥"，比如重新看看地点桩的视频和图片，发现一些已经淡忘的细节，让地点的图像变得更清晰，或者通过自己的想象，对地点桩进行"微整形"，添加一些细节或物品，让我们对它多一些新鲜感，再记忆时就会印象更深刻。

更多关于地点桩的细节问题，请在微信公众号"袁文魁"（ID：yuanwenkui1985）里回复"地点桩疑问"，阅读相关文章。另外，《学霸记忆法：如何成为记忆高手》这本书，关于地点桩会讲得更清楚一些，因为它广泛应用于世界记忆锦标赛®的各大项目中。

二、数字定桩法

数字定桩法，就是用数字编码的形象作为桩子，它的好处是，直接问第几条，就可以说出对应的内容。我们可以用它来挑战记忆三十六计、《易经》64 卦、梁山 108 好汉等信息。

我以《易经》前面 10 卦为例，示范一下操作的步骤。

第一步：熟悉数字编码形象并挑选要用的编码。我们就用 1～10 的数字编码，分别是蜡烛、鹅、耳朵、帆船、秤钩、勺子、镰刀、眼镜、口哨、棒球。

第二步：将要记忆的信息分别转化成形象，和数字编码进行配对联想。

1. 蜡烛—乾卦："乾"联想到乾隆皇帝，他深夜还在点着蜡烛批阅奏折。

2. 鹅—坤卦："坤"想到坤角，指的是戏剧中的女演员，想象一个女演员看到一只鹅，正在背诵《咏鹅》。

3. 耳朵—屯卦："屯"想到"我的老家就住在这个屯"这句歌词，想到东北人在屯子里囤积了很多猪耳朵，留着冬天吃。

4. 帆船—蒙卦：想象帆船运动员蒙着眼睛在海里航行，结果船翻了。

5. 秤钩—需卦："需"谐音想到胡须，想象卖菜的老伯用胡须缠住了秤钩，用它来称东西，吸引了很多人来购买。

6. 勺子—讼卦："讼"可以想到诉讼律师，另外通过"送"这个动作来强调，想象诉讼律师拿着勺子给自己的当事人送食物吃。

7. 镰刀—师卦：想象老师没有剪刀，就用镰刀为学生剪头发。

8. 眼镜—比卦：根据古代读音"bǐ"，想到毕业典礼，想象在大学的毕业典礼上，同学们都争相戴上了眼镜，互相比较看看谁更帅。

9. 口哨—小畜卦："小畜"联想到小的牲畜，比如小鸡，想象主人一吹口哨，一群小鸡就围过来抢食物吃。

10. 棒球—履卦："履"想到坦克的履带，棒球小子一球打出去，卡在坦克的履带里，把坦克给逼停了。

（官晶／绘图）

接下来，请尝试复习一遍，再在下面默写出来吧。

1. _____ 2. _____ 3. _____ 4. _____

5. _____ 6. _____ 7. _____ 8. _____

9. _____ 10. _____

实战案例：有效学习技能的 10 个方法

乔希·考夫曼的《关键 20 小时，快速学会任何技能》这本书提出"有效学习技能的 10 个方法"，我示范用 11 ～ 20 的数字编码来记忆，分别是梯子、椅儿、医生、钥匙、鹦鹉、石榴、仪器、腰包、衣钩、按铃。

有效学习技能的 10 个方法

1. 收集信息

2. 克服困难

3. 关联类比

4. 逆向思维

5. 咨询交流

6. 排除干扰

7. 间隔重复

8. 创建定式

9. 预期测试

10. 尊重生理

下面是我的联想方式，可以结合贾钰茹同学的配图，看看可否看完两遍便将其记住。

11. 梯子，收集信息：小男孩爬上梯子去收一堆信件。

12. 椅儿，克服困难：想象你家里条件困难，椅儿缺了条腿，你克服了这个困难，坐在椅儿上面学习。

13. 医生，关联类比：医生用听诊器给患者做检查，把症状和病因进行了关联，并且用笔（比）把它写了下来。

14. 钥匙，逆向思维：一个倒立的思考者，拿着钥匙正在开门。

15. 鹦鹉，咨询交流：头上顶着大问号的人，正在向鹦鹉咨询："你的主人去哪儿了？"

16. 石榴，排除干扰：石榴皮很厚，外界的噪声干扰都被挡住了。

17. 仪器，间隔重复：有一排酒精灯，间隔一定的距离就会出现一个。

18. 腰包，创建定式：孙悟空看到抢腰包的山贼要逃，喊了一声："定！"

19. 衣钩，预期测试：测试试卷插在玉器（预期）里，玉器被绳子挂在墙上的衣钩上面。

20. 按铃，尊重生理：病人打完生理盐水想要上厕所，就按了按铃叫护士过来。

好了，尝试复习并默写出来吧，不清楚的细节，注意在复习时强化哦。

11. _____ 12. _____ 13. _____ 14. _____

15. _____ 16. _____ 17. _____ 18. _____

19. _____ 20. _____

数字定桩法的优点是：按序号提取时速度快，适合需要抢答的场合。不足之处是，数字桩的数量比较有限，如果用它重复记忆过多类似的信息，也会出现混淆的情况，相较而言，地点桩的容量会更大，所以记忆大师使用最多。

（贾钰茹／绘图）

三、熟语定桩法

熟语桩是选择我们比较熟悉的词组或句子，将每一个字分别转化成具体的形象，然后和要记的信息一一配对联想。

我以《富爸爸穷爸爸》这本财商类畅销书里"开发财商的十个步骤"为例，你们先来熟悉一下内容，我们重点记忆后面的关键词。

开发财商的十个步骤

1. 一个超现实的理由——精神的力量。

2. 每天做出自己的选择——选择的力量。

3. 慎重地选择朋友——关系的力量。

4. 掌握一种模式，然后再学习一种新的模式——快速学习的力量。

5. 首先支付自己——自律的力量。

6. 给你的经纪人以优厚报酬——好建议的力量。

7. 做一个"印第安给予者"——无私的力量。

8. 资产用来购买奢侈品——集中的力量。

9. 对英雄的崇拜——神话的力量。

10. 先予后取——给予的力量。

第一步：要挑选出合适的熟语，最好是相关的，并且字数为十个，如果里面有很多字都比较形象更好，我由"富爸爸穷爸爸"想到与贫富有关的诗句："朱门酒肉臭，路有冻死骨。"

第二步：将这十个字分别转化成具体的形象，有些需要使用谐音和组词等技巧，但能够用本来的字就用本来的字。

　　1. 朱—朱砂　2. 门—门　3. 酒—酒　4. 肉—肉　5. 臭—臭豆腐

　　6. 路—马路　7. 有—有氧运动　8. 冻—果冻　9. 死—死人

10. 骨—骨头

　　第三步：将需要记忆的信息，分别和桩子进行配对联想。比如"朱砂"和"精神"，想象你额头上点了朱砂之后，整个人显得很精神。接下来的九个你可以练习一下，并且将你的想法写出来。

魔法练习　熟语桩记忆开发财商十大步骤

　　1. 朱—朱砂，精神：_____

　　2. 门—门，选择：_____

　　3. 酒—酒，关系：_____

　　4. 肉—肉，快速学习：_____

　　5. 臭—臭豆腐，自律：_____

　　6. 路—马路，好建议：_____

　　7. 有—有氧运动，无私：_____

　　8. 冻—果冻，集中：_____

　　9. 死—死人，神话：_____

　　10. 骨—骨头，给予：_____

　　有些桩子的"字"在转化前，如果先看看配对的内容，可能会发现更好的转化方法，比如"有"和"无私"，"有""无"是反义词，此时就不需要转化成"有氧运动"也可以记住。另外，"有"可以想到"有钱人"，想象富豪比尔·盖茨无私地捐钱，把自己的钱都捐光了。

记忆魔法学徒（《大脑赋能精品班》学员林雯）分享：

1. 朱—朱砂，精神：你额头上点了朱砂之后，整个人显得很精神。

2. 门—门，选择：想象你在装修新房子，思考大门要选择什么样的呢？铁门、木门还是玻璃门？

3. 酒—酒，关系：两个兄弟吵架了，喝了一杯酒，关系就和好如初了。

4. 肉—肉，快速学习：新厨师快速学会了切肉，切得又薄又匀。

5. 臭—臭豆腐，自律：美女每次闻到臭豆腐都在流口水，但作为美女，她自律地管住了嘴，迈开了腿，快速离开了臭豆腐摊。另一种想法："自律"拆成骑自行车的律师，想象律师骑车时闻到了臭豆腐的味道，伸手抓住一块就送进了嘴里。

6. 路—马路，好建议：我和好友在马路上散步，他给我提出了很多好建议。

7. 有—有氧运动，无私：健身教练把做有氧运动的方法无私分享给我，没有收我私教费用。

8. 冻—果冻，集中：果冻公司把所有口味的果冻都集中到一起，混合开发出了一款新产品。

9. 死—死人，神话：在神话故事里，死人都是可以复活的。

10. 骨—骨头，给予：我把吃剩下的骨头给予狗吃。

挑战一下，先闭眼依次回忆，回忆不起来再复习，然后在下面默写出来吧。

1. _____ 2. _____ 3. _____ 4. _____

5. _____ 6. _____ 7. _____ 8. _____

9. _____ 10. _____

熟语桩的另一种变体就是标题桩，假想一下，如果考试时看到标题，根据标题的每个字就能把答案想出来，那不就相当于开卷考试了吗？当然前提是我们要将答案和桩子建立比较牢固的联结。

我来举个例子，历史学科里"王安石变法的影响"有五点，就可以直接用"王安石变法"五个字来联想。

王安石变法的影响

1. 增加了政府的财政收入。

2. 在一定程度上抑制了豪强地主的兼并势力。

3. 使农户所受的赋税剥削有所减轻。

4. 对农业生产的发展起了积极作用。

5. 扭转了西北边防长期以来屡战屡败的被动局面。

我分别想到的形象如下，你可以尝试来联想一下，上面每一句里可以挑取关键词，比如第三点是赋税减轻，第四点是农业发展。

王：老虎

安：保安

石：石头

变：川剧变脸演员

法：《孙子兵法》

记忆魔法学徒（特级记忆大师谭秋凡）分享：

1. 老虎在衙门前面表演钻火圈，官员收了很多打赏的钱，增加了政府的财政收入。

2. 地主带着手下要兼并土地，保安拿着武器抵制豪强地主。

3. 农户用石头砸死了剥削百姓的税务官，使赋税有所减轻。

4. 川剧变脸演员给农民表演，农民心情愉悦了，农业生产的进度更快了。

5. 西北边防屡战屡败，将士恶补《孙子兵法》后打了胜仗。

（贾钰茹/绘图）

熟语定桩法的优势是，我们熟悉的诗句和成语是非常多的，而且我们会不断学到新的，它们是一种取之不尽的桩子。我曾经用数字定桩法挑战记完《长恨歌》，接下来把《长恨歌》转化为熟语桩来记忆《论语》，甚至有老师用它来挑战《牛津英汉双解词典》。

不足之处，就是任意点背的速度不快，转化桩子的过程需要时间，另外，有些人可能会忘记使用了哪句熟语，以及熟语转化成了哪些桩子，有些熟语里有同样的字，也可能会导致混淆。不过，没有任何方法是完美的，是可以包治百病的，我们善用其所长就好。

魔法小结

定桩联想法是先寻找一系列的桩子，即已经熟悉的、有顺序的、有特征的一系列形象，然后把需要按照顺序记忆的信息，分别和每一个桩子进行配对联想。本节主要讲解了地点定桩法、数字定桩法、熟语定桩法三种方法。

地点定桩法

地点桩的黄金五法则：熟悉、顺序、特征、适中、固定。

寻找地点桩的步骤：概览、确定、回想、记录、熟悉、使用。

使用地点桩的步骤：先在脑海中回忆地点，再将要记忆的信息分别转化成形象，主动与地点桩进行配对联想，记忆完毕后尝试回忆还原信息。

管理地点桩的方法，关键在于怎么保存地点桩，如何消除地点桩上的记忆痕迹，以及长期使用地点桩后如何修复。

数字定桩法

使用数字编码分别和信息进行联想，按序号提取时速度快，适合需要抢答的场合。

熟语定桩法

挑选合适的熟语，每个字分别转化成形象，与信息进行配对联想，尝试进行回忆还原。

定桩联想法是一个神奇的方法，也是世界记忆大师最常用的方法，特别是对于海量信息的记忆，比如将一本国学经典或英汉词典任意点背。但其难点在于，我们需要提前去打造这个储存记忆的硬盘，有些同学没有时间或者足够的动力去打造，或者觉得寻找桩子好麻烦，最终可能就放弃了这种方式。请记住，磨刀不误砍柴工，没有开始的麻烦，就没有后来的轻松，加油打造属于你的记忆宫殿吧，让你的知识像存储在图书馆里一样，很方便就能够快速检索出来。

第四节　锁链故事法

上一根记忆魔棒是定桩联想法，可以帮助我们记忆大量信息的顺序，套用物理学里电路的知识，它采取的是"并联电路"的方式，也就是每一个信息分别和桩子联想，信息与信息之间并没有直接联系。今天我们将学到"串联电路"的方式，将图像锁链和情境故事作为线索，把零散的知识串起来，就好像是糖葫芦一样，所以也有人戏称它为"糖葫芦记忆法"。

一、图像锁链法

图像锁链法，需要将信息先转化成图像，然后两两之间进行联想，最终像锁链一样将它们全部串起来。如果两两之间联结得比较紧密，就像玩多米诺骨牌一样，推倒一张，后面的牌依次倒下，就可以顺藤摸瓜全部想起来。

图像锁链法的核心技法：

1. 必须有具体图像，如果没有，先转化成具体图像。

2. 图像之间进行两两联结，第一个和第二个联想，第二个和第三个联想，第三个和第四个联想，依次类推。在联结过程中一次只关注两个图像。

3. 两两联结时，彼此接触并且一般通过动作联结，一般是第一个作用于第二个，另外也可以用静态的空间关系呈现，我们在后面会分别进行训练，一般是两种方式结合运用。

4. 除了开头和结尾的图像，其他图像都会使用两次，一次是前一个图像作用于它，一次是它作用于下一个图像。

我以"八大减压食物"为例，分解一下记忆的步骤：

八大减压食物

鱼　杏仁　核桃　牛奶　橙子　燕麦　鸡蛋　菠菜

第一步：在脑海中转化出形象。观察这八种食物，我们比较容易在脑海中想到形象，如果对"燕麦"不熟悉，可以想到燕子叼着麦子的形象。

第二步：按顺序两两联结，在脑海中呈现出来。我一般使用主动出击法，前一个主动对后一个发生动作，最终串成的锁链如下：鱼嘴里面吐出了杏仁，杏仁的尖扎破了核桃，核桃撞翻了牛奶瓶，牛奶洒在了橙子上面，橙子滚动，碾在一堆燕麦上面，燕麦挤压到鸡蛋侧面，鸡蛋碎开，上面长出了菠菜。

（杨子悦/绘图）

　　注意，这里的动作要具体，以前有同学都用一个动作：吃。鱼吃了杏仁，杏仁吃了核桃，核桃喝了牛奶，这是典型的"吃货版"。还有人只用一个"打"或"砸"，这是典型的"打手版"；还有人只用一个"变"，橙子变成了燕麦，燕麦变成了鸡蛋，这是"变色龙版"，如果都用一种方式，最终很难回忆顺序。

　　在锁链联想的时候，我们要用到图像的特征，作用于下一个图像时，作用在哪个部位，会有怎样的结果，也是要具体呈现的。大家可以参考配图，感受一下核桃砸到了牛奶后奶花飞溅的动感，这些都需要我们在脑海中生动地呈现出来。

　　还要注意，锁链不要一条直线排列，有一些高低错落会好一些。初学者的锁链不要太长，容易中间掉链子，某一个想不起来就会影响其他的。可以先从十个以内的信息开始，如果超过十个，可以分段串成多条锁链。

　　第三步：尝试回忆并且完善你的锁链。有时候第一次想的并不一定很完美，我们还可以对局部的联结进行调整，然后在脑海中把整条锁链回想几遍，最后尝试默写出这些信息。如果第一个容易遗忘，可以把第一个和题目进行联想，比如"减压食物"可以想到高压锅，从高压锅里蹦出来一条鱼。

第四步：记录下你的图像锁链联想，用文字的方式或简笔画的方式，方便我们在遗忘时复习。

现在，请再回忆一遍，把八大减压食物默写出来吧。

1. _____ 2. _____ 3. _____ 4. _____
5. _____ 6. _____ 7. _____ 8. _____

（一）静态空间锁链训练

从前有一座山，山上有一个庙，庙里有一个和尚，和尚肩上有一个担子，担子下面挑着水桶，水桶里有一桶水，水里面有一只龙虾，龙虾夹子上面有一条鱼，鱼的肚子里有水草，水草裹着一团泥巴。

根据这句话想象出画面，你是否可以看完一遍就背诵出来呢？这就是静态空间锁链，就像一幅画一样。我们先尝试使用十个词语来训练，一般是将第二个放在第一个的某个部位，再将第三个放在第二个的某个部位，这样依次类推。

第一组：

　　房屋　棉花　眼镜　手表　鲜花　名片　苹果　水杯
电池　橡皮

锁链：房屋外面种了一株棉花，棉花头上戴着一副眼镜，眼镜的中间挂着一块手表，手表的表链里夹着一束鲜花，鲜花的花枝之间夹着一张名片，名片的一角插进苹果里面，苹果放在倒扣的水杯上面，水杯里面扣着一块竖着的电池，电池的底部嵌在橡皮里面。

（贾钰茹/绘图）

第二组：

台灯　书　帽子　叶子　西红柿　喜鹊　鸡蛋　宇宙　蜡烛　证书

锁链：台灯的灯光下有一本书，书靠在一顶帽子上面，帽檐有几片叶子，叶子的顶端长着西红柿，西红柿上落着一只喜鹊，喜鹊的嘴巴衔着一枚鸡蛋，鸡蛋壳上画着浩瀚的宇宙，宇宙的中心点燃着一支蜡烛，蜡烛的火焰上方悬浮着一张证书。

请将下面的词语分别用上面的方式建立锁链，并且尝试着回忆出来。

1. 骆驼 鞋子 虾 纸 巧克力 坦克 青蛙 司令 足球 玻璃

2. 婆婆 凳子 小狗 蝉 指甲 香蕉 黑板 项链 老虎 云

3. 宝剑 梨 长城 草原 豆腐 洪水 美女 戒指 闪电 大象

4. 仙人掌 肥皂 地球 遥控器 筷子 鼠标 云 鱼 白菜 蜘蛛

5. 纽扣 冰箱 藕 啤酒 光盘 UFO 火车 霸王龙 苹果 刀

（二）动作联结锁链训练

一般而言，第一个作用于第二个，第二个作用于第三个，这是最常见的一种动作联结。有些同学也喜欢用倒序版，第二个作用于第一个，第三个作用于第二个，这样依次类推。但要注意，不能一会儿是前面的作用于后面的，一会儿又是后面的作用于前面的，这样记忆的顺序就会混乱。

第一组：

　　飞机　大树　猪八戒　投影仪　和尚　坦克　油漆　酒瓶　气球　汽油

锁链：飞机起飞时撞到了大树的树干，大树倒下来压住了猪八戒，猪八戒拿着钉耙砸向了投影仪，投影仪射出强光照向和尚的眼睛，和尚用棒子撬起了坦克，坦克射出炮弹打中了油漆，油漆飞溅到酒瓶上面，酒瓶里的酒泼出来射破了气球，气球爆炸点燃了汽油桶，火光漫天。

（贾钰茹/绘图）

第二组：

　　二胡　望远镜　蛇　香烟　丝巾　溜冰鞋　梯子　工人　蝴蝶　西服

锁链：用二胡的琴弓像锯子一样锯望远镜的中间，用望远镜前端的物镜砸向蛇的尾巴，蛇吐出芯子卷起了一根香烟，香烟点燃后烧到了丝巾的一角，丝巾缠绕在溜冰鞋的后轮上，溜冰鞋滑上一架梯子，梯子倒下来砸到了工人的安全帽，工人用铁锹在追赶一只蝴蝶，蝴蝶翩翩飞舞，躲进西服的袖子里。

 魔法练习　动态联结锁链训练

请将下面的词语分别用上面的方式建立锁链，并且尝试着回忆出来。

1. 鹿　可乐　石榴　锄头　铃铛　车　武松　鸡　航母唐僧

2. 李白　耳机　电视　围棋　帆船　眼镜　蚂蚁　蜗牛牛魔王　米

3. 喇叭　螺丝　孙悟空　蜈蚣　草　耳朵　大豆　瓜子键盘　疤痕

4. 闹钟　鳄鱼　腰包　石榴　手枪　鲸鱼　泰山　水管白龙马　羊

5. 裁判　河流　马车　囚犯　月亮　蜘蛛侠　灯泡　猪门　保姆

（三）实战案例锁链训练

经过两个基本功的训练之后，我们来看一个偏抽象的案例，来自美国哈佛大学心理学家丹尼尔·夏克特的书籍《你的记忆怎么了》，他提出了"记忆七宗罪"的说法，总结了影响记忆力水平的七大问题：

记忆七宗罪

1. 遗忘（随着时间的过去，记忆减退或丧失。）

2. 分心（心不在焉，没有记住该记住的事。）

3. 空白（努力搜索某一信息，却怎么也想不起来。）

4. 错认（张冠李戴，误把幻想当作真实。）

5. 暗示（受到某问题、评论或建议的诱导，使记忆遭到扭曲。）

6. 偏颇（根据目前的知识与信念，重新编辑或改写以前的经验。）

7. 纠缠（明明想彻底忘却的恼人记忆，却一再想起。）

下面是国际记忆大师吕柯姣的分享：

第一步：分别转化出形象。

遗忘：谐音为"蚁王"。

分心：用刀把心分开。

空白：白纸。

错认：谐音为"搓人"，想到在搓一个泥人。

暗示：拆合想到案板上的柿子。

偏颇：拆合想到偏着头的廉颇。

纠缠：联想到线缠住酒坛。

第二步：按顺序两两联结，在脑海中呈现出来。

蚁王用刀把心分开，心溅出鲜血洒满了白纸，白纸的一边卷起来，正在搓一个泥人，泥人一头撞破案板上的柿子，柿子汁飞溅到偏着头的廉颇身上，廉颇用线缠住了酒坛。

（吕柯姣／绘图）

第三步：请尝试着回忆一下，将"记忆七宗罪"默写出来吧。

1. _____ 2. _____ 3. _____ 4. _____

5. _____ 6. _____ 7. _____

二、情境故事法

情境故事法就是将要记忆的信息按顺序编成一个有情节的故事，在脑海中像电影一样呈现出来，达到帮助我们记忆的目的。我们在编故事时，要注意几个原则：简洁、形象、生动、有趣，另外可以加上故事的元素：时间、地点、人物、事件，事件包含起因、经过、结果，让故事可以更容易被回忆起来。

有一位曾担任副总理的李爷爷，曾经用故事法记住了15个词语，他在大学演讲时说："十多年过去了，我现在仍然能够把那15个词背出来，而且顺着、倒着都不会错。如果你把这15个词编成一个故事，这15个词，包括它们的次序就能永远记住。记的方法是什么呢？就相当于你把这15个词编成电视剧，编成一个'录像'放到大脑右半叶里面去了。那么你在把它'播'出来的时候，也就把15个词播放出来了。"

这15个词语是：

爆米花、图书馆、狼狗、书包、大树、太阳、石头、救护车、方便面、电视、牙签、餐巾纸、电话、火警、行李

李爷爷的故事是这样的：我吃着爆米花去了图书馆。路上碰到了一只狼狗追我，我就跑。跑的过程中书包丢了。狼狗还追我，我就爬到大树上去了。上了大树以后呢，太阳太晒，我被晒昏了，从树上掉了下来，掉到一块石头上。然后就来了辆救护车把我送到医院去了。在医院，我一边等待治疗，一边吃方便面。吃完方便面就看电视。看

电视时拿出牙签剔牙，然后用餐巾纸擦嘴。突然接到火警电话，说发生火灾，于是我提起行李就跑去救火。

看完两遍并想象出画面后，你来尝试一下，可否按照顺序背出来呢？

_____

_____

要让大量的并列信息容易记忆，我们特别要注意彼此衔接部分的因果逻辑，英国小说家福斯特在《小说面面观》里提出：

> 所谓"故事"，就是依照"时间顺序"排列的事件，"情节"则是按照"因果逻辑"安排的事件。比如"国王死了，王后也死了"，这只是故事；但是"国王死了，王后因此伤心而死"，这就是情节。
>
> 故事就像散落一地、未经拼凑的积木，彼此之间没什么关联；情节则像积木的"卯"和"榫"，一个凹，一个凸，当凹和凸一个接着一个组合起来时，具体的东西就会慢慢成形。要把故事说得好，就必须适度地将事件"情节"化；也就是利用"因为、所以"，把事件一个接一个地紧密联结起来。

编情境故事的步骤如下：

第一步：概览。先大致浏览所有的词汇，看看能够产生怎样的联想，特别是刚开始的三四个，看看有没有可以作为主角、配角、场景的，如果没有主角，可以根据内容来定义一个人物。

第二步：尝试。在尝试编了前面三四个后，接下来根据逻辑往后联想，比如书包后面为什么是大树，可以想到狼依然在追，所以我爬上树。实在不容易编的部分，也可以通过图像锁链法来联结。

第三步：修正。整体都编完之后，再来重新回顾一遍，如果有些不太符合逻辑或不太接得上的部分，想想是否可以更好地优化，然后在脑海中清晰回想一遍。

第四步：记录。尝试回忆故事后说出背诵的内容，并且将故事的要点记录下来，也可以尝试用简笔画画出来，方便以后的复习。

编故事时，有几个常见的误区：

1.过多并列的信息。比如"香蕉、橘子、梨子"要编一个故事，如果说我吃了香蕉、橘子和梨子，或者说，我先吃了一个香蕉，接下来吃了一个橘子，最后吃了一个梨子，这样都很容易混淆先后的顺序，因为这三者是一种并列关系。

我们可以通过情节或者动作来注意顺序，比如我拿着一串香蕉砸向橘子，橘子裂开后汁水四射，溅得雪白的梨子上都是橘子汁。

2.过多无关信息。有人以为编故事就是要天马行空，就会添加很多无关的角色，将故事编得过于复杂，最后把自己也绕晕了。

3.过多场景转换。当要记忆的信息比较少时，不要转换太多的场景，突然一下子在这里，很快就切换到其他地方，这样很容易遗忘。可以假设故事呈现的场景就像话剧的舞台，需要的布景都在台上呈现。

4.过多的语言陈述。"我爱听故事"是在陈述一个事实，"我在树下听奶奶给我讲孙悟空三打白骨精的故事"就是在描述一个画面。另外，尽量不要有太多的对话，或者是旁白，这些相对而言比较抽象，容易遗忘。

5.没有融入其中。要尽量少用"假如""假设""也许"等将自身置于事外的词汇，而是身临其境，让自己作为故事的主人公。在你的故事里，你就是神通广大可以七十二变的孙悟空，在想象的世界里尽情演绎吧！

接下来，我们分别通过形象词汇、抽象词汇、综合词汇来进行编故事的基本功练习，基本功越扎实，实战时就能越快速。

（一）形象词汇编故事

第一组：

  荒岛 松鼠 钢琴 豆腐 战斗

  咖啡 黑板 手枪 螺丝 衣服

故事：在一座荒岛之上，有一只松鼠在弹钢琴，白色的琴键是豆腐做的，公鸡中的"战斗鸡"过来抢豆腐吃，松鼠手持咖啡泼向公鸡，公鸡用黑板作为盾牌抵挡，躲在后面用手枪射出螺丝，把松鼠的衣服射得千疮百孔，松鼠痛苦地倒地死去。

(贾钰茹/绘图)

第二组：

　　　天使　坦克　蜗牛　火车　　婴儿

　　　洪水　猎人　父亲　挖掘机　菠萝

　　故事：天使驾驶着一辆坦克，射出炮弹追赶急速爬行的蜗牛，蜗牛飞奔着穿过一辆火车，粘住了一个婴儿，婴儿和它一起落入洪水里，猎人以为是猎物，正要举枪射击，父亲驾驶一辆挖掘机，倒出一堆菠萝挡住了猎人的视线，救了婴儿。

请将下面的词语分别用上面的方式编故事，并且尝试着回忆出来。

1. 水杯 熊猫 发怒 月亮 烟花 黄鹤 神 石榴 香蕉 粥

2. 司令 档案 滴汗 珠宝 眼镜 小树 云 梦 工人 小肠

3. 黄河 新疆人 安全帽 横幅 刀剑 花瓶 马 物理 鲸 人参

4. 父亲 小学 花果山 海豚 插座 莲花 狼 战争 波斯 蝌蚪

5. 老师 指挥棒 广场 传单 牛 工厂 手枪 井 扇了 奶瓶

（二）抽象词汇编故事

第一组：

打算 生物 诚实 宝贵 传播

说明 立体 抽象 条件 平衡

转化："打算"想到掌柜在打算盘，"生物"想到生物老师，"诚实"谐音"沉石"，"宝贵"想到很贵的珠宝，"传播"联想到报纸，"说明"

想到说明书，"立体"联想到水立方，"抽象"拆合为抽打大象，"条件"可以谐音为"挑剑"，"平衡"想到平衡木，具体的转化也可以在编故事的过程中灵活更改。

故事：掌柜在药店里打着算盘，卖给我的生物老师一块很沉的石头，这石头上面镶嵌着很贵的珠宝。生物老师为了炒作，在报纸上打广告来广泛传播，广告上有此沉石的图解说明书：沉石曾在水立方接受考验，驯象人用抽打大象的鞭子抽打它，纹丝不动，又挑起剑来刺它，依然能够保持平衡，真是稀罕宝贝！

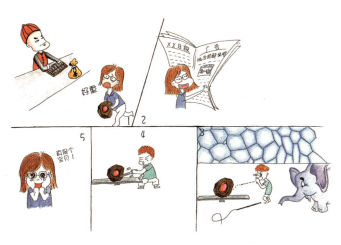

（贾钰茹/绘图）

第二组：

    教育   庆祝   研究   简单   保卫

    发展   体会   苦闷   成功   要点

转化："教育"联想到教室，"庆祝"想到庆祝晚会，"研究"想成研究生，"简单"谐音为"煎蛋"，"保卫"拆合想到保安手拿卫生纸，"发展"拆合想到头发展开，"体会"拆合想到体育老师开会，"苦闷"想到焖苦瓜，"成功"想到剪刀手的姿势，"要点"可以想到书上画的重点。

故事：教室里正在举办毕业庆祝晚会，戴着硕士帽的研究生袁文魁正在煎蛋，保安手拿卫生纸接过煎蛋，吃完后兴奋得头发都展开了。他思考自己的人生发展，决定要考体育的研究生，就跑去偷听体育老师开会，送他们自己的拿手菜：焖苦瓜，终于成功让体育老师举起剪刀手，拿起笔在他的书上画出了考试要点。

（三）综合词汇编故事

第一组：

品德　　演讲　　功效　　苹果　　慷慨
紧箍咒　体现　　鱿鱼　　手铐　　汽车

转化："品德"联想到思想品德课的老师；"功效"联想到发气功让人发笑；"慷慨"联想到拿很多糠捐出去；"体现"可以联想到体育老师出现了。

故事：思想品德课的老师在国旗下演讲，他现场发动气功让全校师生都笑了，脸都笑红了变成红苹果。他动员大家为灾区的动物捐食物，老师们都拿出很多糠，有个别吝啬的躲了起来，他轻轻念动紧箍咒，一位体育老师就出现了，他抱着一条大鱿鱼，鱿鱼的爪子都戴着手铐，他将它关进汽车后备厢运往灾区。

第二组：

　　　机构　下班　地铁　缥缈　结构

　　　教学　狮子　落差　床　　搜刮

　　转化："机构"联想到机器狗；"缥缈"想到烟雾飘动，若有若无；"结构"想到打着蝴蝶结的狗；"落差"可想到落下悬崖。

　　故事：一只机器狗下班后乘地铁回家，它恍惚间看到地铁上烟雾飘动，一只打着蝴蝶结的母狗若有若无，它被吸引着来到了一座大山。这只母狗手拿教鞭，指着狮子的图片教它跳跃，机器狗兴奋地跳跃起来，却落下了悬崖，掉到悬崖下的床上，母狗趁它昏迷不醒时，搜刮完它身上所有的东西。

（四）实战案例编故事
实战案例：文学常识

例1：老舍的代表作有《骆驼祥子》《四世同堂》《龙须沟》《茶馆》。

魔法点睛：想象有一个人骑着骆驼，带着自己四世同堂的家族，到龙须沟的茶馆里喝茶。

例2：冰心的代表作有《超人》《春水》《繁星》《小橘灯》《姑姑》《往事》《寄小读者》。

魔法点睛：想象超人从春水里飞起，到空中摘下了天上的繁星，放在小橘灯里，姑姑在灯下回忆往事，把它写下来寄给小读者。

例3："临川四梦"为《牡丹亭》《邯郸记》《紫钗记》《南柯记》。

魔法点睛：临近四川的地方，有一个牡丹盛开的亭子，成语"邯郸学步"的主角，手里拿着一根紫钗，在亭子里把南瓜刻（南柯）了出来。

例4：杜甫的"三吏""三别"为《石壕吏》《潼关吏》《新安吏》《新婚别》《垂老别》《无家别》。

魔法点睛：困在石壕里的人每天吃潼关肉夹馍，新的保安（新安）被派过来看守他，保安从新婚一直看守到垂老，仍然无家可归，别提多伤心啦！

实战案例：培养科学的精神

我们着力要培养的科学精神包括：

（1）理性精神

（2）实证精神

（3）独立精神

（4）民主精神

（5）批判精神

魔法点睛：这道题选自《大学生思想道德修养》的教材，"科学精神"是这道题的关键词，由它想到一个科学家的形象，后面这五个词语中，"实证"容易想到他在做实验，"独立"想到他独自一个人，或者是金鸡独立，"批判"可以想象在纸上打 × 号，"理性"可以想到是在整理信件，前面"批判"打 × 的纸就可以用信纸，最后的"民主"可以谐音成"明珠"，因为无须刻意注意顺序，我调整了顺序，最终编成这样的故事：

（杨子悦／绘图）

在空旷的实验室里，一个穿白大褂的科学家独自一人金鸡独立，拿着显微镜在研究一颗明珠，他把研究成果写在信件里，但又发现自己想错了，于是就打了一个大大的×。

实战案例：成为心智独特的人

采铜在《精进》这本书里分享了成为心智独特的人的七种方法，它们可以让我们避开追求社会认同的陷阱，走上一条独特而成功的道路。

如何成为一个心智独特的人？

（1）抗拒自己的欲望，或者延迟满足欲望；

（2）质疑貌似最可信的结论，不盲从别人；

（3）屏蔽流行信息，或者只在固定的时段接收流行信息；

（4）思考最不可能的事，为其发展出可能性；

（5）保留和发展自己的"怪癖"，并将其发展成自己的竞争力；

（6）为小事物狂热，并在小事物中发现大世界；

（7）开展思想试验和行动试验，让思想和行动相互激发。

魔法点睛：比较大段的内容，编故事的难度稍大一些，艾宾浩斯在《记忆力心理学》里说："最难的当数记忆资料有时太过于多样化，有时可能是词语、句子，有时可能是诗词的章节，甚至还有可能是各种公式、定理，这就要求我们必须熟练掌握各种内容之间的转换方式，利用五官的配合，从脑海中迅速形成故事化记忆。这样，记忆的速度自然能提升。"

我们可以根据整句话想象出画面，也可以在理解之后挑取核心关键词，比如从"抗拒自己的欲望，或者延迟满足欲望"，很容易想到吃东西的欲望，我联想到一个吃素食的朋友，在和我们一起吃大餐时，朋友们都劝他吃一口牛肉，他虽然在吞口水，但坚决地摇头"抗拒自己的欲望"。同行的有位医学博士说："不吃肉会营养不良，还是吃一点吧！"他皱着眉头表示质疑专家的结论，继续吃素。博士在微信里转发一篇权威文章让他看，他掏出手机说："我的手机是关机的，每天只在晚上开一会儿，接收信息。"

每次聚餐都这样被别人劝，这位朋友思考出，最不可能的事就是不再吃饭，他发现有一种"辟谷"的神功，可以让人连续几十天不吃饭。在高人的指点下，他开始发展出自己的"怪癖"：不吃食物。每天节省出时间来学习，以提升自己的竞争力。有一天，别人在吃饭的时候，他去花园里拍摄小小的花，在花里发现奇妙的大千世界。他分别对两株花说"我爱你"和"我恨你"，想来做一个"思想试验"，坚持这样行动一周之后，听到"我爱你"的花长得更茂盛了。

编故事的时候，可以结合自己的生活经验，或者套用某些影视剧的情节。通过上面的故事，你是不是可以想出这七点内容呢？通过看书来记忆书籍的精华，并不是要求一字不漏地默写，只需要大致记住核心要点即可。在需要用的时候，记忆能够提醒我们去践行这些方法！

魔法小结

锁链故事法主要分享了图像锁链法和情境故事法两种方法，通过一定的方式将要记忆的内容串联起来，达到一记就记一串的目标。

图像锁链法的步骤：

第一步：在脑海中转化出形象。

第二步：按顺序两两联结，在脑海中呈现出来。

第三步：尝试回忆并且完善你的锁链。

第四步：记录下你的图像锁链联想。

情境故事法的步骤：

第一步：概览。

第二步：尝试。

第三步：修正。

第四步：记录。

编故事的常见误区：

1.过多并列的信息。

2.过多无关信息。

3.过多场景转换。

4.过多的语言陈述。

5.没有融入其中。

图像锁链法与情境故事法的区别：

锁链法中，每个信息都得是右脑的形象，故事法里，部分可以用左脑的逻辑；锁链法中，任何时候脑海中都只有两个图像，像是两两合影的照片，故事法则是一个连贯的情节，像是一部电影或动画片。一般我会将二者综合运用，称为锁链故事法，"不管黑猫白猫，能捉老鼠的就是好猫"。

第五节　歌诀记忆法

我们先来做一个小测试，下面有两组信息，请你分别将其记忆下来，看看各需要多长时间。

第一组：洞、清、何、尽、花、桃、随、水、处、边、在、日、流、溪

第二组：桃花尽日随流水，洞在清溪何处边。

虽然都是 14 个字，但大部分人会很容易记住第二组，为什么呢？因为第二组是一个有意义、有情境的歌诀，比第一组的 14 个组块要少很多，记忆起来速度就更快。

在非洲许多原始部落里，部落之间的消息都要靠人硬记下来，然后到另外的部落再讲出来，要想走了几天还记得消息，他们就得把它编成押韵的歌诀，以此来帮助记忆。

无论是西方的《荷马史诗》，还是中国的《诗经》，诗歌的起源最初都是为了"记忆"。古诗强调"诗言志"，据闻一多先生考证，"诗"

与"志"原是同一个字，"志"上从"士"，下从"心"，表示停止在心上，就是说的"记忆"。

我们现在虽然科技比较发达，有手机、电脑等辅助我们记忆，但是依然可以借鉴原始时代人类的智慧，用歌诀记忆法来帮助我们记忆，方式就是将要记忆的信息进行精简浓缩，将其组合成有意义、有韵律、有趣味的顺口溜、口诀等形式，然后通过声音的刺激达到牢记的效果。

心理学家艾宾浩斯的遗忘曲线证明，诗歌比散文遗忘的速度要慢一些。记忆界老前辈王维先生创办的锦州市记忆研究会，曾经在锦州市实验中学文科班进行过这样的实验：让一组学生背诵朗朗上口的诗歌，让另外一组背诵比诗歌短得多的散文，结果，背诵诗歌的一组成绩大大好于散文组。

我在高三时曾对文科知识编过几百条歌诀，我的体验是，自己编的歌诀要比借鉴别人的歌诀更容易记忆。我们只要掌握了方法，都可以成为编歌诀的高手。另外，编歌诀也需要针对特定的对象，编得准确而简练，不然也可能增加记忆的负担，所以想编好歌诀需要先掌握原理。

歌诀记忆法最常用的有两种形式：字头歌诀法和要点歌诀法，接下来我们分别来进行训练。

一、字头歌诀法

字头歌诀法一般针对比较熟悉，但需要连串记忆或按顺序记忆的信息，以免在记忆时出现丢三落四或者顺序混乱的情况。在西方记忆术里，一般是挑选单词的首字母，将其组成一个熟悉的单词，比如目标管理的 SMART 原则，就是由 Specific（具体的）、Measurable（可以衡量的）、Attainable（可以达到的）、Relevant（有相关性的）、Time-bound（有截止期限的）组成。中国人则是挑选第一个字，或者最特别的字，将其串成一句有意义的话或歌诀。

我先举一个非常简单的例子，我们常说的"三姑六婆"，到底是哪些呢？她们分别是：

【三姑】尼姑、道姑、卦姑

【六婆】牙婆、媒婆、师婆、虔婆、药婆、稳婆

编字头歌诀的步骤是：

第一步：熟悉理解。先看一两遍这些信息，如果是比较抽象的信息，可以先用"形象记忆法"记熟。这道题比较简单，记忆的关键就是"姑"和"婆"前面的那个字，一共有 9 个。

第二步：挑取字头。分别是：尼、道、卦、牙、媒、师、虔、药、稳。如果信息更复杂，也可以考虑字头之外的其他字，特别是发现第一个字是一样的情况。

第三步：组成歌诀。虽然没有要求按顺序，但三姑和六婆不能混淆，所以"三姑"可以一起编成"尼道卦"，"六婆"可以换顺序，看看哪些组合在一起可以变成一个"组块"，比如"药"和"师"可以组成"药师"，"稳"和"虔"可以谐音想到"吻钱"，最后我组合成：媒牙药师稳虔。

第四步：意义化。通过适当的谐音，加上你的解释，让歌诀更有意义，如果能够押韵就更好了。刚才的歌诀谐音变成：你倒挂，没牙

药师吻钱。我再解释一下这个场景：你倒挂在树上，没牙药师吻钱。

（马依依 / 绘图）

第五步：尝试回忆。以"你倒挂，没牙药师吻钱"这个歌诀作为提示，看看可否想到记忆的材料，对于想不到的部分，要进行修改或者强化记忆，特别是通过谐音想到的字。

第六步：复习强化。我会把歌诀写在书上，不定期去复习这些歌诀，另外也可以在手机里录音，通过听觉达到长期记忆。

测试时间：

三姑六婆：＿＿＿＿＿＿＿＿＿＿＿＿＿＿＿＿＿＿＿＿＿＿

字头歌诀法可以用于记忆一长串熟悉的信息，包括作家的一系列作品，一些人物的合称，比如"建安七子"，历史里开放通商口岸的城市，地理里某个国家盛产的作物或矿物，英语单词里一个词语的多种意思等，下面请看一些案例。

实战案例：植物和动物的组织

植物组织有：

分生组织、保护组织、营养组织、输导组织、机械组织。

动物和人的主要组织有：

上皮组织、结缔组织、肌肉组织、神经组织。

魔法点睛：熟悉材料后尝试挑字头，我由"保护"和"营养"想到了"保养"，由"分生"和"机械"想到了电话的"分机"，因为要把植物组织和动物组织分开，所以我把"植"也加进去，就变成了"植输保养分机"，通过谐音想到"支书保养分机"，想到一个村支书正在用抹布保养电话的分机。

（马依依／绘图）

"动物和人"的字头是"动人","上皮"和"神经"组合成"上神"，可以想到某电视剧里的人物，"肌肉"和"结缔"的字头组合是"肌结"，可以扩展想到肌肉结实，或者谐音想到"集结"。所以我串起的歌诀是：动人上神肌结，想象动人的上神露出手臂在秀结实的肌肉。

（马依依/绘图）

测试时间：

植物的组织：＿＿＿＿＿＿＿＿＿＿＿＿＿＿＿＿＿＿＿＿

动物和人的组织：＿＿＿＿＿＿＿＿＿＿＿＿＿＿＿＿＿＿

实战案例：用排水法制取氧气的七个步骤

（1）检查装置的气密性；

（2）将药品装入试管；

（3）把试管固定在铁架台上；

（4）点燃酒精灯；

（5）收集氧气；

（6）撤离导管；

（7）熄灭酒精灯。

错误示范：挑取字头：检将把点收撤熄，谐音想到检查的将军把点火的东西收起来了，彻底熄灭了火把。

魔法点睛：这个错误主要在于没有找到合适的字头，对于比较长段的信息，挑选字头要在理解的基础上，挑选最有提示性的词语，一般是名词或动词，这里的"将"和"把"都比较抽象，我们可以用核心动作想到：查、装、定、点、收、离、熄，然后谐音想到"茶庄定点收利息"，这个画面比较容易记忆，由这些提示词再分别想一想，要查什么，装什么，定什么，把整个实验步骤回想一两遍，就可以印象深刻地记住啦！

（马依依 / 绘图）

用排水法制取氧气的七个步骤：_____

二、要点歌诀法

在学习的知识中，还有一些比较复杂的，挑选其中一个字后还原比较难，这时就可以挑选其中的要点，或在观察后对信息进行归类浓缩，将其编成类似于诗歌的歌诀。一般诗歌常见的是五言和七言，我在编写时一般也是类似的字数。

我以历史学科里"罗斯福新政"的内容为例：

罗斯福新政的内容：

（1）整顿财政金融体系；

（2）调整工业生产；

（3）调整农业生产；

（4）实行福利制度；

（5）健全社会立法。

第一步：熟悉理解。通过阅读书本了解细节，方便在脑海中想象画面。

第二步：挑选要点。财政金融、工业、农业、福利、立法是五个关键词，次关键词是"整顿""调整""健全"这些动词。

第三步：观察信息并尝试编歌诀。我发现工业、农业可以组合成"工农"，而且前面都是调整，所以可以组成"调工农"，我习惯七个字一句，所以前面就用了"整顿金融"四个字，一起是"整顿金融调工农"。接下来要和它字数相同，可以用"实行福利立法全"，也可以调整顺序想到"健全立法福利浓"，这个"浓"和前面一句押韵，方便我们记忆。

第四步：尝试回忆，还原歌诀。由"整顿金融调工农，健全立法福利浓"，你可以想到罗斯福新政的内容吗？如果有些地方不行，可以尝试调整。

第五步：复习强化。可以通过诵读或者听录音的方式，反复强化这个歌诀，并且根据歌诀回忆正文内容，对遗忘的部分及时巩固。

实战案例：写作的十二种修辞方法

比喻、排比、反语、对偶、设问、引用、对比、反复、反问、夸张、拟人、借代。

你的歌诀：＿＿＿＿＿＿＿＿＿＿＿＿＿＿＿＿＿＿＿＿＿＿＿＿＿

魔法点睛：这些修辞方法我们都很熟悉，观察发现有三个"比"：比喻、对比、排比；有三个"反"：反问、反复、反语，所以可以想到"三比三反"。把这些挑选出来后可以打上钩，再去组合剩下的信息：

对偶、设问、引用、夸张、拟人、借代

因为已经用了四个字，还有三个字，我挑选了"设问"和"拟人"，变成"三比三反设问你"，剩下的信息排列顺序变成：借代引用夸对偶，可以想象三支笔反过来设问你："为什么要借一袋子的引用语来夸你的配偶呢？"

歌诀记忆法通过简化复杂的识记材料，缩小记忆组块，加大信息浓度，可以帮助我们减轻大脑负担。通过将零散的、少联系的信息编成歌诀，将它们变成有意义的、更集中的信息，比死记硬背更容易将其"一网打尽"，比锁链故事法的记忆量要少，所以是我常用的技巧之一。

建议你自己开始动手编歌诀，在编的过程中，你也在深入理解，并且你编的融入了自己的阅历，记忆起来会更有亲切感。在编写时要注意韵律感和形象性，并且尽量精练准确，让歌诀为我们的记忆服务。只要你按照上面的步骤尝试至少编30条，你也会熟练掌握这些技巧，就可以用来帮助你轻松记忆啦！

魔法练习　字头歌诀法记忆训练

请使用字头歌诀法或要点歌诀法记忆下列信息，并在微信公众号"袁文魁"（ID：yuanwenkui1985）后台回复"歌诀"，可查看参考的歌诀。

1.（百科题）记忆女神和宙斯一起生下九个女儿，她们都是缪斯女神，各自分管的领域是：音乐、史诗、历史、抒情诗、悲剧、圣歌、舞蹈、喜剧、天文。

2.（政治题）个体经济的作用：

（1）利用分散的资源；

（2）发展商品生产；

（3）促进商品流通；

（4）扩大社会服务；

（5）方便人民生活；

（6）增加就业。

3.（生物题）人体八大系统：运动系统、神经系统、内分泌系统、循环系统、呼吸系统、消化系统、泌尿系统、生殖系统。

4.（地理题）与中国接壤的 14 个国家分别是：朝鲜、俄罗斯、蒙古、哈萨克斯坦、吉尔吉斯斯坦、塔吉克斯坦、阿富汗、巴基斯坦、印度、尼泊尔、不丹、缅甸、老挝、越南。

魔法小结

　　歌诀记忆法是将要记忆的信息进行精简浓缩，组合成有意义、有韵律、有趣味的顺口溜、口诀等形式，让我们通过声音的刺激达到牢记的效果。歌诀记忆法最常用的有两种形式：字头歌诀法和要点歌诀法。

　　编字头歌诀的步骤是：

　　第一步：熟悉理解；

　　第二步：挑取字头；

　　第三步：组成歌诀；

　　第四步：意义化；

　　第五步：尝试回忆；

　　第六步：复习强化。

　　编要点歌诀的步骤是：

　　第一步：熟悉理解；

　　第二步：挑选要点；

　　第三步：观察信息并尝试编歌诀；

　　第四步：尝试回忆，还原歌诀；

　　第五步：复习强化。

第六节　绘图记忆法

著名作家马克·吐温在《汉尼拔杂志》中讲述了他使用绘图记忆法的故事。他每天晚上都有一场脱稿演讲，为了记住这些演讲稿，他把许多要点写在草稿纸上，马克·吐温把主要句子的第一个字母写下来，然后一个要点一个要点地讲，使自己不至于从这一点串到那一点，避免了遗漏。可是他很快发现，他常常会忘记句子的先后顺序，不得不常常停下来去看看草稿，这样就影响了整场演讲的效果。

总结教训之后，他尝试把句子缩减为第一个单词，并把单词的第一个字母写在自己的指甲上，但讲着讲着，他就会忘记该轮到哪个指甲了。他又试着在演讲的过程中，讲完一个要点就把指甲上的相应字母抹掉，不少听众都对他的反常举动大惑不解，怀疑马克·吐温感兴趣的是自己的指甲，而非他演讲的主题。

在尝试了很多种方法之后，一个好主意浮现在马克·吐温的脑海中：让字母、文章形象化很难，但图画却很容易做到。图画不仅能帮助记忆，而且还能让事物变得清晰并长时间保留，尤其是自己亲自动手画下来的图，效果更好。马克·吐温虽然不是一个画家，可他能用画笔在两分钟之内轻轻松松画出六张图，这些图起到了概括演讲要点的作用，效果十分显著。

例如，马克·吐温要演讲关于美国西部牧场生活的内容，于是他画了一张图：一个干草堆（代表牧场），下面一条曲线（代表响尾蛇）；他要演讲关于一场大风在下午两点袭击卡尔城的内容，他便画了另一张图：几条歪歪斜斜的线（代表风），一个马马虎虎称得上雨伞的图案（代表一座城市），旁边有个罗马数字Ⅱ（代表两点钟）。马克·吐温发现，根据所画的这些图，他可以随意回想起它们所表达的内容，他再也不需要拿着草稿进行演讲了。

在马克·吐温以后的演讲生涯中，每次演讲前，他都就演讲的每一部分分别画出一幅图，再把它们排成一排，仔细看一看，然后把它们撕掉。当他演讲的时候，一排图就依次清晰地浮现在他的脑海中，演讲的内容也就如泉水一样涌出来了，这个方法从来没有让他失望过。

我国著名的书法教育家欧阳中石先生，在给学生教授《醉翁亭记》的时候，另辟蹊径。他请一个学生大声地朗读《醉翁亭记》，而他则在黑板上作画，先生用画笔将《醉翁亭记》所描述的景致一一呈现在大家面前，课文朗读完了，先生的画也完成了，而学生们已经能背下这篇课文了。

这两位名人所使用的绘图记忆法，我们每个人都可以掌握。有同学可能会说："我不会画画啊！我天生就没有艺术细胞。"但我在近几年的教学中发现，基本所有人都会画画，只是他们定的标准太高，要达到与世界名画媲美的水准。其实只要会画线条和基础图形，就可以掌握绘图记忆法，它是将抽象的信息转化为形象之后，用简笔画的方式呈现出来的方法，也称为"图示记忆法"。本节将分享单一图示法、定位图示法、锁链图示法、框架图示法四种方法。

一、单一图示法

不知道你是否有这样的体验，对于中小学的课本，你能够将某一页的排版都呈现在脑海里，特别是有配图的，你可以记得图片旁边有哪些重要信息，图片这时相当于天然的定位系统，我称之为"图片定桩"。

有一些书籍整页都是文字，要让重点的信息突出，常用的方式是红笔画线或用荧光笔涂色，此时切记不要所有的全画了，都是重点就相当于没有重点。对于想要更加突出的重点文字，如果在旁边画上一个小插图，此时就相当于做了一个标记，在告诉你："看我，看我，我是重点中的重点！"

单一图示法，就是把某一个核心关键词转化成形象并绘制出来的方法，一般五个以内的信息适用此法。转化的方式可以使用"鞋子拆观众"，但要尽可能简单，比如"华"，画成"花"比画"刘德华"要简单得多。即使你想画刘德华，也只需要画成火柴人，突出他的鼻子是鹰钩鼻即可，不需要画成素描，本来记住这个知识点只需要几秒，你画一幅画花了一小时，就本末倒置了。

画图时抓住特征点，就比较容易区分，比如老虎，你只需要突出头上这个"王"字，就可以和猫区分开来。如果画的人物不容易区分，也可以写点文字来注释。画图的另一个原则就是变化，特别是一页里面图像比较多时，可以用不同颜色或材质的笔，画图时大小、粗细、风格等适当变化，就更容易区分记忆。

对于形象记忆法、配对联想法和简单的字头歌诀法，我们可以用单一图示法来辅助记忆，因为脑海中想象的形象可能会逐渐淡忘，通过简笔画简单地画出来，可以更加强烈地刺激大脑，同时在以后复习时更直观，也可以在演讲、汇报、宣传时呈现给别人，下面我分别举例说明。

（一）形象记忆法的单一图示

我在复习考试或者看重要书籍时会使用此法，在重点内容处画上插图。下图是我在阅读斯科特·扬的《如何高效学习》这本书时，对我觉得比较重要的三个信息绘制的图示。"信息压缩"画了一个文件压缩包图标；"模型纠错"画了正方体代表"模型"，上面的 × 和扭转符号代表着"纠错"；"以项目为基础的学习"的关键词是"项目"，我转化的形象是项链上有只眼睛（目）。

信息压缩

　　3 种主要形式：

　　（1）记忆术——压缩若干知识，用一个单词代替。

　　（2）图像联系——创作一幅能联系若干知识的图像。

　　（3）笔记压缩法——用寥寥几页纸缩写内容庞大的笔记。

实际应用

　　寻找将知识用于你日常生活的途径。

模型纠错

　　经常性地解决各种问题，以发现整体性知识网络中的潜在错误。

以项目为基础的学习

　　建立一个大约需要 1 ~ 3 个月完成的项目，从而逼迫自己不断学习、实践和解决各种各样的问题。这对自我教育来说是有用的练习，特别是在没有什么知识结构可以指导时。

实战案例：冥想的好处

1. 培养慈悲心。

2. 减轻痛苦。

3. 提升创造力。

4. 提升专注力。

5. 减少焦虑。

我在绘制的时候，由"慈悲心"想到"瓷杯"上有一颗心，这比画一个慈悲的菩萨更容易，"减轻痛苦"由"痛苦"想到痛哭的表情，"创造力"一般用点亮的灯泡表示，"专注力"画了一只眼睛盯着某个点，"减少焦虑"由"焦虑"倒字谐音想到"绿蕉"，画了一根绿色的香蕉。用黑色笔画完之后，我适当加了一点颜色来强化，印象会更加深刻。

（二）配对联想法的单一图示

配对联想法将两个图像建立联系之后，也可以在一张图里呈现出来。下面是在记忆中国佛教四大名山时的绘图，它们分别是山西五台山、四川峨眉山、浙江普陀山、安徽九华山，我需要记住每座山在哪个省份。

山西五台山，我画了一座山，在山的西边有一个舞台。

四川峨眉山，我画了一条河，河水的三条线像是"川"，一只长着眉毛的鹅在里面游泳。

浙江普陀山，"浙江"画了 Z 字形的江，"普陀"画了一个秤砣掉进江里。

安徽九华山，"安徽"想到了圆形的徽章，图案是九瓣的花。

你看一看这张图，看看可不可以记住呢？我现在可是想忘记都难啊！

定桩法里的数字定桩法、地点定桩法和熟语定桩法，其实也是一组组进行配对联想，如有需要，也可以分别用单一图示法来呈现，在定桩联想法那一节已经有绘图的呈现，就不再多举例说明。

二、定位图示法

定位图示法，也称分解图示法，对应的记忆方法是定桩记忆法，特别是身体定桩法和物品定桩法。

案例 1：班级管理的基本方法：

①调查研究法。

②目标管理法。

③情境感染法。

④规范制约法。

⑤舆论影响法。

⑥心理疏导法。

⑦行为训练法。

第一步：通读理解，选出关键词。这道题是我考教师资格证时记忆的，这 7 点内容相对简单，每一点都是 5 个字，前面 4 个字不同。这 4 个字如果很熟悉，可以进一步简化，比如"调查研究"记住"调查"即可，"行为训练"挑取"行"。

第二步：构思并绘制主图，也就是作为桩子的东西。我看到"目""心""行为"等字词，很容易想到人的身体，于是画了一个行走的人来作为主图。

第三步：将具体内容分别画在具体的桩子上，因为这 7 点的顺序并不重要，所以可以挑选比较容易联想的部位。

"调查研究法"，容易想到侦探的放大镜，我就在左手上画了一个放大镜。

"目标管理法"，我想到了眼睛，眼睛通过一个管子在看着靶子。

"情境感染法"，"境"谐音想到了镜子，镜子上面感染了病毒，我将这面镜子画在了右手上。

"规范制约法"，我由"规"想到圆规，"范"谐音想到米饭，我画了一个圆规，它夹着米饭送进嘴巴里。

"舆论影响法"，挑取"影响"想到了音响，音响发出的声音传进耳朵里。

"心理疏导法"和心脏容易联想，在心脏处画了一颗爱心，有一根管子正在疏导心中的"垃圾"。

"行为训练法"和脚联系，脚正在训练踏步走，在旁边画出"121、121"。

第四步：将标题和文字内容，写在相应的图像旁边。写文字的时候，我一般还是用同色的笔，有时也会用其他颜色的笔来突出。另外，我有时候也会画完某个图就立即写上文字，这两种方式都可以。

第五步：尝试回忆，完善细节。画完之后，可以再仔细看一遍，然后闭上眼睛，将画的图浮现在脑海中，根据图像来尝试回忆出内容。想不到的地方，可以睁眼再多看两遍，再次尝试回忆。如果某些字词想不起来，比如"舆论影响"想不起来"舆论"，可以在音响上画出鱼的形象，通过这个细节来帮助我们回忆。

第二步：画出主图　　　　第三步：画出定桩图像　　　　第四步：写上文字

案例2：美国人厄尼斯·朱的《心灵货币》对我影响很大，他提出因恐惧而产生的心态和行为都是心灵假币，心灵假币会制造假象，活在假象中有如下的征兆：

（1）安全的假象：不愿改变。

（2）满足的假象：沉迷。

（3）控制的假象：凡事都看负面。

（4）爱的假象：心存怨恨与创伤。

（5）分离的假象：担心自己与他人。

魔法点睛：由"假象"我想到了一头大象，可以用来作为主图；接下来由"安全"想到安全帽，可以戴在大象头上；"满足"想到泥巴沾满了大象的足；"控制"想到用链子缠着象鼻，把大象绑在一根大柱子旁；"爱"一般会想到爱心，画在大象的身上；"分离"谐音为"分梨"，大象用尾巴把两个梨分开。如果想把冒号后面的内容记住，有些直接理解就可以了，比较难的加在对应的部位即可，比如"控制"后面的"看负面"，在柱子上画一只倒过来的眼睛。

下面这张定位图示，看看你看完后能否记住呢？

（官晶／绘图）

魔法练习　定位图示法训练

　　多元智能理论是美国哈佛大学教育研究院的心理发展学

家霍华德·加德纳在 1983 年提出的，包括：

　　1. 语言智能；

　　2. 逻辑数学智能；

　　3. 空间智能；

4. 身体运动智能；

5. 音乐智能；

6. 人际智能；

7. 内省智能；

8. 自然观察智能。

请借鉴"记忆初体验"里讲十二星座的方式，使用身体定桩法来进行记忆，并且将图示绘制出来。小提示：可以调整顺序，先看看哪些智能和身体部位正好有联系，但不要只是在对应部位拉一条线写上文字，比如在嘴巴处写上"语言智能"，可以用简笔画画出说话的字符，印象会更深刻哦！

记忆魔法学徒（国际一级记忆裁判官晶）分享：

我从头到脚来分享，眼睛里面有两棵树，远方还有一棵树，代表"自然观察智能"；耳朵里面飘出了音符，代表着"音乐智能"；"语言智能"这个，我在嘴巴外边画了一串说出的字符；"内省智能"一般要用心，在心里画了显微镜；"逻辑数学智能"，我在左手上画了一个算盘代表"数学"，为了突出"逻辑"，在算盘两边画了萝卜；右手在和一个小人握手，代表着"人际智能"；"空间智能"，我想到一个长方体的空盒子，穿在左边脚上当鞋子；右脚正在踢足球，很动感，所以是"身体运动智能"。

（官晶／绘图）

三、锁链图示法

　　相对而言，图像锁链法更容易用绘图来呈现，因为大部分形象只出现一次。而故事法里有些形象要出现多次，所以需要以分格漫画的方式呈现。下图是我在阅读《精要主义》这本书后画的，"探索"这个章节包括抽离、审视、游戏、睡眠、精选这五个部分，所以我用锁链将其串起来：

"抽离"想到了抽签，抽出的签子上方有眼睛在"审视"，审视什么呢？是一个游戏机的手柄，手柄怎么和睡眠联系呢？想象手柄上的线连在头发上。那睡眠和精选有什么关系？想到睡眠需要枕头，而他的枕头是从 A、B、C、D 里精选出来的 A。

实战案例：商鞅变法的主要措施

1. "为田开阡陌封疆"，以法律形式承认土地私有，确立了封建土地所有制；

2. 重农抑商，奖励耕织；

3. 统一度量衡；

4. 建立严密的户籍制度，实行连坐法；

5. 奖励军功；

6. 普遍推行县制；

7. "燔诗书而明法令"。

我们按照锁链的思路一步步来呈现，首先第一点，"为田开阡陌封疆"，我画了一个"田"，"土地私有"就画了一个小人代表着"地主"；"重农抑商，奖励耕织"就挑选农民耕地的形象，地主在监督这个农民。

　　"统一度量衡"可以想到度量的工具：尺子，画在田的边缘来丈量它的边长。

　　"户籍制度"可以想到户口本，尺子下面有两根绳子，挂着户口本。"实行连坐法"可以想到一排小人靠着户口本肩搭着肩坐着。

　　"奖励军功"想到一个军功章,想象最右边的小人手捧军功章。
"推行县制"可以把"县"谐音想到"线",画在军功章右边。

　　最后一句"燔诗书而明法令",意思是要焚烧儒家的书籍,推行
法家思想来明确法令。"燔诗书"就在线的尽头点着火,正在烧一本

《诗经》；"明法令"可以画一个令牌，夹在《诗经》里面。这样，我们的锁链图示就完成了，可以在中间的空白处写上一个"商"来明确主题。

（吕柯姣／绘图）

试试看能不能先看着图来解说一遍内容，想不起来的看原文来强化，直到将其背诵出来。

四、框架图示法

框架图示法，类似于"图解"，就是把关系复杂、内容较多的文字材料，根据内部的逻辑层次转化成清晰明了的图形示意符号，从而帮助记忆的一种方法。永田丰志先生在《完全图解超实用思考术》里说："在大脑中边输入信息，边将其关系用图解方法记忆下来的图解翻译，能够令右脑也一同工作。不仅传达的信息量大，而且在记忆稳定性方面也有很大的优势。"

简单的图解只需要使用正方形、三角形、圆形以及箭头、直线等基本元素，表示事物之间的相互关系，箭头表示事物发展的动向，两个相对的箭头代表物品交换或者互相作用，两端箭头代表着竞争对立的关系，直线代表着合作关系，在箭头上面写上文字，可清晰表达相互之间的关系。

我以地理课本《营造地表形态的力量》里"三大类岩石的相互转化"为例：

1. 岩浆岩在变质作用下，岩石成分和性质发生了改变，就变成了变质岩。

2. 沉积岩在变质作用下变成变质岩，变质岩在外力作用下被风化成碎屑物质，再经风、流水等侵蚀、搬运后沉积起来，经过固结成岩作用形成了沉积岩。

3. 岩浆侵入地壳上部或喷出地表，冷却凝固形成了岩浆岩，岩浆岩、沉积岩、变质岩在地壳深处高温熔化，又重新生成了岩浆。

看这段文字，估计你很容易就被搞晕了，下面的图解是不是就更加清晰了呢？

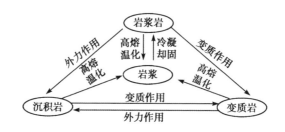

请将下列三段话分别用图解的方式呈现出来，关注微信公众号"袁文魁"（ID：yuanwenkui1985）并在后台回复"图解"可以获得参考的图解。

1. 价值决定价格，价格是价值的货币表现。在其他条件不变的情况下，商品的价值量越大，价格越高。

2. 三江平原复合生态模式：种植水稻可以给貉养殖提供饲料，貉的粪便可以使稻田肥沃，水稻的稻草培养基可以用于食用菌栽培。

3.《蜘蛛侠：英雄归来》的人物关系如下：主角蜘蛛侠叫彼得，他的人生导师是钢铁侠斯塔克，斯塔克的保镖哈皮是彼得的联络人，彼得的敌人是秃鹫艾德里安，他的女儿莉兹是彼得的爱恋对象，莉兹的同学内德是彼得的室友。

八大图解框架模型

文字材料之间的关系不同，图解呈现的形式也就不同，结合永田丰志先生的书籍，以及教科书里常见的图解，在此介绍八种常用的图解框架模型。善用这些模型可以让知识更清晰、更直观。借鉴这些框架的同时，我们也可以用单一图示法，给重难点的文字配图，让其更加生动易记。

（一）显示出基础层级关系的棱锥型

用类似于金字塔的形式，显示出基于基础的相互关系。一般大比例数据、基础数据居于底层，小比例数据、关键数据居于顶层。另外，在一种递进层级里，最根本、最基础的部分放在底层，最重要、最顶尖的部分放在上层，体现出逐级上升的趋势。

（庄晓娟／绘图）

比如上面这张经典的"学习金字塔"，显示出使用不同的学习方法，在两周之后还能记住多少。按照保持率从小到大排列，最小的"听讲"放在顶端，最大的"马上应用 / 教别人"放在底端。

另一张比较经典的，是马斯洛的五大需求层次理论：人类的需求从低到高依次为生理的需求、安全的需求、社交的需求、尊重的需求、自我实现的需求，用棱锥图清晰呈现如下：

（庄晓娟 / 绘图）

（二）呈现要素的时间推移的流程型

在流程型的框架中，各种要素有一定的时间顺序，这个顺序并不是只有一个方向，有时会有分叉或者同时进行，所以有主流和支流之分，另外，绘制时一般从左往右、从上往下。

单向性的流程比较简单，可以用箭头的形式直线呈现，也可以用阶梯的方式依次呈现。比如，美国爱荷华大学的罗宾森提出

"SQ3R 读书法"，又称为"五步读书法"，分别是浏览、发问、阅读、复述、复习这五个学习阶段，将关键词结合简笔画，呈现出的流程图如下：

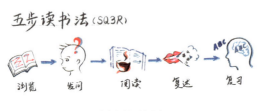

（庄晓娟／绘图）

稍复杂一些的流程图，举人类记忆的三级加工模型为例：外界的刺激进入大脑成为感觉记忆，感觉记忆未经注意很快会遗忘，而加以注意则会进入短时记忆，短时记忆一般几分钟也会遗忘，除非对其进行复述或者编码，才可以更长地保持在短时记忆，或者进入长时记忆。长时记忆的信息如果检索失败就会遗忘，如果加以提取，就会进入短时记忆区域。

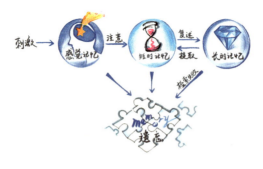

（庄晓娟／绘图）

（三）基于要素的循环反复的循环型

循环型是经过几个过程又回到最初阶段的流程，就像车轮不断地循环滚动一样。古代的"五行相生"理论就是一个循环，金生水，水生木，木生火，火生土，土生金，金又生水，如此循环反复。又比如PDCA循环，它是全面质量管理所应遵循的科学程序。经过 Plan（计划）、Do（执行）、Check（检查）、Action（纠正）四个过程循环不止地进行下去，下面是形象化的图解。

（庄晓娟／绘图）

（四）呈现要素相互依存关系的卫星型

卫星型框架，是指没有主次关系的三个或三个以上独立的要素，以对等的关系保持均衡的框架。如果要素是三个，就可以呈现出等边三角形，四个可以用正方形来呈现，五个可以用五角星来呈现，要素均放在各个顶点上。

卫星型一般将各个要素通过直线相连，如果要素之间有相互作用，可以用箭头加文字来呈现，比如高中地理课本里的可持续发展系统示意图，经济系统、社会系统和生态系统之间是相互制约的关系，如下图所示：

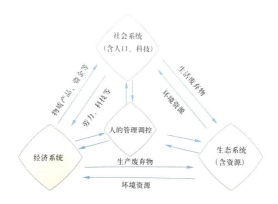

波特五力模型由迈克尔·波特于20世纪80年代初提出，他认为行业中存在着决定竞争规模和程度的五种力量，这五种力量综合起来影响着产业的吸引力。这五种力量分别是：供应商的讨价还价能力、购买者的讨价还价能力、潜在竞争者进入的能力、替代品的替代能力、行业内竞争者现在的竞争能力。用五角星配合简笔画呈现出的图解如下：

（庄晓娟／绘图）

（五）基于元素集合有重叠关系的韦恩型

韦恩图，或称文氏图，当要表现一个要素属于多个组别的分组关系时，或者说两个要素包括共同的要素时，可以使用韦恩图。数学里常用来研究和表示"集合问题"，包括交集、并集、补集等。

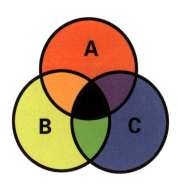

上图是韦恩图的示意图，A、B、C三个元素，既属于A又属于B的是土黄色部分，同时属于B和C的是绿色部分，既属于A又属于C的是紫色部分，而同时属于A、B、C的是黑色部分。下图是高中地理课本里"污染严重工业的区位选择"的图解，污染空气、污染水源、固体废弃物污染是三个元素，一些工业可能只污染一个元素，也可能会污染多个元素，比如火电厂和钢铁厂就同时有空气污染和固体废弃物污染，通过韦恩图可以非常直观地呈现出来。

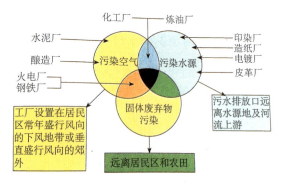

韦恩图还可以用来比较二者或三者之间的异同点，如下图，黄色部分表示 A 与 B 的相似之处，红色表示 A 相较于 B 的独特之处，蓝色表示 B 相较于 A 的独特之处。

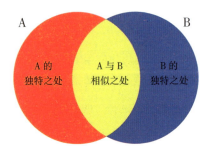

以《史记》与《汉书》的比较为例，它们之间的异同点有很多，在这里仅罗列出一小部分。相同点：都是纪传体史书，都属于"二十四史"，作者都是汉代的。不同点：《史记》的作者是司马迁，这是一部从黄帝一直到汉武帝元狩元年的通史，是作者私人修订的，而《汉书》的作者是班固，只是西汉一代的断代史，最初是私人修订，后来改为官方修订。通过韦恩图呈现如下，可以比较清晰地发现其异同之处，这个用途在不同学科均可尝试。

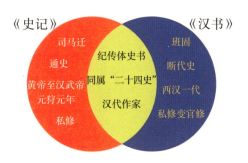

（六）呈现统计数据的规律和趋势的图表型

分析一些统计的数值，有时候会看到一些趋势和规律，以此为基础就可以制作出各种图表，直观而清晰。通过办公软件，可以很方便地生成各种图表，比如柱状图，可以表示绝对数量；堆积柱形图或饼状图，可以表示相对数量；折线图，可以呈现数据的高低起伏趋势。这些图表在高中地理课本里很常见，下面是挑选的几个案例，我们也可以模仿并自己绘制。

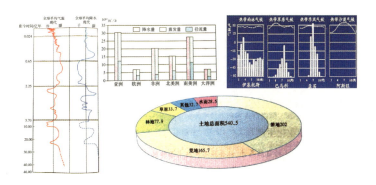

（七）以要素的横纵两轴的组合呈现的矩阵型

"矩阵"可能大家听起来比较陌生，我们常用的表格也可以视为矩阵，在纵轴和横轴上设置不同的变量或要素，在相交的部分，放入要素和数据。比如期末考试的成绩表，纵轴呈现的是学生的名字，横轴呈现的变量是不同的学科。

我以初中物理里温度、热量、内能三个概念为例，下面是相关的要点知识：

温度的单位是摄氏度，它是一种状态量，表述的方式是"降低""升高""降低到""升高到""是"等；热量的单位是焦耳，是一种过程量，用"放出""吸收"等来表述；内能的单位是焦耳，用"有""具有""改变""增加""减少"等来表述，它是一种状态量。

利用矩阵的方式呈现如下：

项目	温度	热量	内能
单位	摄氏度	焦耳	焦耳
量的性质	状态量	过程量	状态量
表述方式	"降低""升高""降低到""升高到""是"	"放出""吸收"	"有""具有""改变""增加""减少"

在这张矩阵表格里，横轴是三个比较的项目，纵轴是比较的三个要素：单位、量的性质、表述方式，这样呈现出来非常直观，记忆起来的工作量也小了很多。我在高中时就特别喜欢这种方式，绘制了大量的比较表格辅助记忆。

（八）将要素按等级分类的树型

树型在学校教学里很常见，比如大括号形式的知识框架图，它可以分为逻辑树、组织结构树、分类树三大类。逻辑树的大类为结论，中类为理由，小类为细化的证据；组织结构树，大类为上级，中类是大类的下级，小类是中类的下级；分类树，则是大类按照一定的标准分类成中类，中类则又细分为小类。

以"物质的简单分类"为例：物质根据组成物质的种类的多少可分为混合物和纯净物，纯净物根据组成元素的多少分为单质和化合物，单质又分为金属单质、非金属单质和稀有气体，化合物分为无机化合物和有机化合物，无机化合物分为酸、碱、盐和氧化物。我们用树型图可清晰呈现如下：

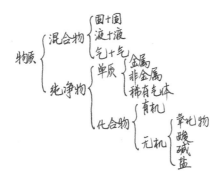

树型的另一种形式是从上往下展开的，比如企事业单位比较常用的组织结构图，或者《金字塔原理》这本书里的金字塔模型。在人教版八年级上册《历史与社会》教材里有一幅唐朝三省六部制的示意图，皇帝下面有中书省、门下省、尚书省，尚书省下面又有吏、户、礼、工、刑、兵六个部，这幅图非常直观地显示出它们之间的隶属关系，下图是加工后的形象化版本。

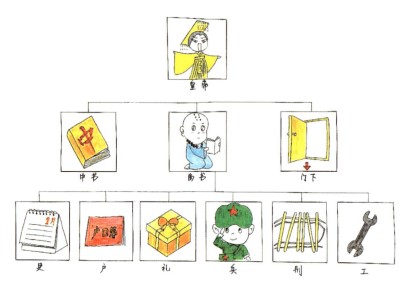

（官晶 / 绘图）

树型里面比较流行的形式是思维导图，由世界大脑先生托尼·博赞发明，被称为"打开大脑潜能的万能钥匙"。博赞先生曾说："如果把学习比作一场作战，思维导图就像是指挥官的作战指挥图，而记忆术就好比是士兵手中的武器，两者合二为一，战无不胜。"

下图是博赞思维导图认证讲师刘丽琼为我画的思维导图，分为"简介""兴趣""事业""梦想"四个部分，兴趣又分为"阅读""摄影""冥想"三个分支，"摄影"主要喜欢的是"花卉"，"花卉"里又钟爱"樱花""荷花""梅花"，可以看出是比较典型的等级分类。

（刘丽琼／绘图）

关于思维导图的绘制步骤，请在微信公众号"袁文魁"（ID：yuanwenkui1985）后台回复"思维导图"，阅读相关文章。因为思维导图是一个功能强大的工具，除了辅助记忆，还可以用来整理笔记、视觉展示、激发创意、构思写作、解决问题、策划方案等，可以看书或参加课程进行系统学习。

这八种图解框架，可以使用绘图记忆法呈现如下。想象棱锥型的建筑里流出来河水，河水经过了一个循环，流进了一颗卫星里，卫星上垂下来的围巾围住了一个人（"韦恩"谐音为"围人"），这个人手里拿着一张图表，把它通过矩阵里的士兵运送到树上贴起来。尝试一下，是否可以看完图就记住呢？

（官晶/绘图）

这八种框架并不能囊括所有信息，但却是最常使用的，如果能够善用它们，更直观形象地呈现信息，不论是帮自己还是帮别人记忆，都是一个很不错的选择。如今，我们进入了一个"读图时代"，连新华社都用图解的方式来解读国家政策，很多高深的书籍都出版了图解版，帮助读者加深理解和记忆，手账、视觉记录、可视化会议也渐渐被大众熟知。

作家冯骥才在《读图时代》里说："读图画比读文字快捷，直观，感受直接，还带有视觉上的审美愉悦。"所以，这根绘图记忆的魔棒，要好好修炼升级哦，也许你的一张图，就会让别人牢牢记住你，以及你想要传达的一切！

 魔法小结

绘图记忆法是将抽象的信息转化为形象之后，用简笔画的方式呈现出来的方法，也称为"图示记忆法"，本节主要分享单一图示法、锁链图示法、定位图示法、框架图示法四种方式。

单一图示法，即给单个孤立信息配上一幅插图的方法，主要用于形象记忆法、配对联想法的视觉呈现，也可用于定桩法里的数字定桩法、地点定桩法和熟语定桩法等。

锁链图示法，主要是将图像锁链法进行视觉呈现。

定位图示法，主要是将身体定桩法和物品定桩法进行视觉呈现。

框架图示法，主要分享了八大图解框架模型：

1. 显示出基础层级关系的棱锥型；

2. 呈现要素的时间推移的流程型；

3. 基于要素的循环反复的循环型；

4. 呈现要素相互依存关系的卫星型；

5. 基于元素集合有重叠关系的韦恩型；

6. 呈现统计数据的规律和趋势的图表型；

7. 以要素的横纵两轴的组合呈现的矩阵型；

8. 将要素按等级分类的树型。

如果说前面的几根魔棒是相机的胶片，全靠在脑海中想象，绘图记忆法就像是冲洗照片，虽然不可能百分百呈现脑海中的形象，但是通过直观的方式呈现出来，会让我们的印象更加深刻。在这里再次强调，画得美与丑并不重要，关键是能够帮助我们记住，"内在美"才是真的美！

至此，我们的六根记忆魔棒都已经到手，但我们在什么时候该用什么魔棒呢？魔棒又能怎样组合发挥更大的魔力呢？下一章我们将分享七种常见的信息记忆模型，帮助大家见招拆招，灵活使用记忆法。

七大信息记忆模型

记忆使你成为独一无二的你，
你就是你记忆中所有经历的总和。
成功者的大脑不只是在记忆中存储大量的信息，
他们还运用过去的经验来构建新知识，
从而改善未来的表现。

——《成功者的大脑》

04

学完记忆法之后，最关键的就是能用出来，很多同学反映："记忆课上老师讲的案例都会，但回去以后就是用不出来！"确实，从"知道"到"做到"需要训练的过程，同时也需要一定的技巧，而掌握"信息记忆模型"就是一种捷径。

我高中学数学时比较重视"母题"，它是构成所有试题的最小单元，是有完整逻辑的最小典型题，它们被重新组合，变成无数的新题，掌握了母题并且在审题时发现它，就可以举一反三，轻松攻破。我一直觉得，使用记忆法与解一道数学题差不多，肯定也有"母题"，经过探索，我在2017年总结出"七大信息记忆模型"，大部分信息都由这些模型组成，只要能够敏锐地发现这些模型，使用记忆法就可以游刃有余，我们一起先来熟悉这些模型吧。

第一种模型：零散信息的散点模型

零散信息是孤立存在的信息，它们散布在我们的学习和生活中，我把这种模型称为散点模型。很多时候，零散信息可能只是一个专有名词，比如人名、地名、书名、物品名、成语、行业术语等，有时候只是一些生僻的汉字、字母、数字或者是符号。

在生活中，比如你约了朋友在北京见面，他告诉你："坐地铁到木樨地下车。"你的朋友让你帮忙带外卖，她说："帮我买一份湘乳烧鲈鱼回来。"你的爸爸告诉你："等会儿去招商银行办一张信用卡。"木樨地、湘乳烧鲈鱼、招商银行信用卡都属于零散信息。

还有一些零散信息分布在文章之中，整篇文章都容易理解记忆，只有它相对比较陌生或抽象，比如李白的《蜀道难》里"飞湍瀑流争喧豗，砯崖转石万壑雷"这一句中的"豗"和"砯"，就像是突兀的孤岛，挡住了你记忆的道路。

对于散点模型的文字信息，一般使用形象记忆法，用"鞋子拆观众"进行转化即可。比如"湘乳烧鲈鱼""招商银行信用卡"只需要在脑海中直接想出形象，"木樨地"如果不熟悉，就想象你出了地铁口，发现木头屑满地都是。

另一种方式是将词语放入语言情境之中，常用于学习外国单词或者方言词汇时。以武汉方言为例，在巴士上经常听人说："师傅，帮个忙，您在前头拐弯的地方带一脚。"过一会儿师傅就停了车，你就知道"带一脚"是"请停车"的意思。有一次去一位朋友家，他家里有很多稀奇古怪的收藏，他说："我就喜欢收藏这些尖板眼，蛮好玩！"我就猜到"尖板眼"是啥意思了。

第二种模型：成对信息的钥匙和锁模型

成对出现的信息，就像一把钥匙对应着一把锁，彼此的配对是独一无二的，比如作家与作品、单词与意思、国旗与国家、人名与面孔等，这些在讲"配对联想法"时都有举例说明。

有一些钥匙和锁模型相对隐蔽一些，比如"科学发展观的新定位"讲道："第一要义是推动经济社会发展，核心立场是以人为本，基本要求是全面协调可持续，根本方法是统筹兼顾，精神实质是解放思想、实事求是、与时俱进、求真务实。"这里面，"是"前后的信息符合钥匙和锁模型，你如果把"以人为本"背成"根本方法"，就打不开这把锁了。"核心立场是以人为本"，可以配对联想到每个人拿着一个本子，站立在画着黑心（核心）的广场上面。

又比如，《道德经》第8章的"居，善地；心，善渊；与，善仁；言，善信；政，善治；事，善能；动，善时。"这里"居"与"地"、"心"与"渊"、"与"与"仁"等都是成对信息。有些很容易记忆，比如"政"与"治"组成词是"政治"，"言"与"信"联想到"言而有信"，不好记的就用配对联想法，比如"心"与"渊"，想象心掉进了一个深渊里。

在考试的题型里面，比较典型的钥匙和锁模型是答案唯一的选择题、填空题或者问答题。比如考驾照的时候，科目一和科目四有很多单选题，《芝麻开门》《一站到底》等综艺节目，大部分题目都只有一个答案，简单地看看就会了，只需要把问题和答案配对联想就可以了。

80 如图所示，在高速公路同方向三条机动车道中间车道行驶，车速不能低于多少？

- ○ A、100公里/小时
- ○ B、90公里/小时
- ○ C、110公里/小时
- ○ D、60公里/小时

81 机动车在道路上变更车道需要注意什么？

查看本题分析

- ○ A、尽快加速进入左侧车道
- ○ B、不能影响其他车辆正常行驶
- ○ C、进入左侧车道时适当减速
- ○ D、开启转向灯迅速向左转向

单选题

1	出自岑参《白雪歌送武判官归京》中，"北风卷地白草折"的下一句是什么？	胡天八月即飞雪
2	金庸名著《射雕英雄传》中郭啸天之妻，郭靖之母叫什么名字？	李萍
3	最早有声影片之一《渔光曲》是由哪位导演执导？	蔡楚生
4	电影《投名状》改编自清末四大奇案之一，请问是哪个奇案？	刺马案
5	现收藏于中国国家博物馆的著名油画《开国大典》是由哪位画家所画？	董希文
6	在美职篮中，被称为"大竹竿"的是哪位凯尔特人队的球星？	布拉德利
7	2005年，加盟萨克拉门托君主队的两位中国女子篮球队员是苗立杰和谁？	隋菲菲
8	我国著名的曾侯乙编钟出土自湖北省的哪个城市？	随州
9	香港著名演员米雪的妹妹是谁？	雪梨
10	周杰伦的MV《枫》和刘畊宏的哪首歌曲的MV共同组成了一个完整的故事？	《彩虹天堂》
11	我国最长的内河，塔里木河最后流入什么湖？	台特玛湖
12	《赵氏孤儿》里，献出自己的儿子救下"赵氏孤儿"的是谁？	程婴
13	被吴贻弓改编电影的同名小说《城南旧事》的原作者是谁？	林海音
14	绰号"海军上将"的美职篮传奇球星是谁？	大卫·罗宾逊
15	《昆虫记》是法国哪位著名昆虫学家的代表作？	法布尔
16	出自《格寺联璧》的名句"静坐常思己过"的下一句是什么？	闲谈莫论人非
17	名句"茕茕孑立，形影相吊"出自西晋哪位文学家的作品《陈情表》？	李密
18	与纳木错、玛旁雍错并称西藏"三大圣湖"的是什么湖？	羊卓雍错
19	美国经典电影《剪刀手爱德华》中，饰演"爱德华"的是哪位著名男影星？	约翰尼·德普
20	韩国歌手张佑赫在1996年是哪个组合的成员？	H.O.T

填空题

第三种模型：并列信息的花瓣模型

并列信息，就是信息之间的地位是平等的，而且彼此互换顺序也不影响，花朵的每一片花瓣都是并列关系，所以称它为"花瓣模型"。比如"四大名著""十大元帅""十八罗汉"都符合"花瓣模型"。

有些并列信息会通过顿号、分号呈现，比如人体八大系统包括：运动系统、神经系统、内分泌系统、循环系统、呼吸系统、消化系统、泌尿系统、生殖系统。有时也会以序号的方式呈现，但答题时顺序打乱也没关系，比如社会保障主要由五个方面组成：（1）社会保险；（2）社会救济；（3）社会福利；（4）社会优抚；（5）社会互助。另外，"和""与""或者"等连词也提示你这可能属于并列信息。

针对并列信息，10个以内的，我们一般以锁链故事法为主，如果量比较大的话，可以分类或分段之后再使用锁链故事法。当然，并列信息也可以使用定桩法，虽然并没有要求记住顺序。如果这些并列信息比较熟悉，且内容很少，比如是地名、食物名等，则优先考虑字头歌诀法，比如中国四大古镇：景德镇、佛山镇、汉口镇、朱仙镇，可以编成字头歌诀"井口佛珠"。

第四种模型：顺序信息的排队模型

有一种特殊的并列信息，需要按照特定的顺序来记忆，比如时间、空间、因果、文本等顺序，此时就相当于排队，要是你随意插队的话，别人肯定不同意。

第一种是时间顺序，对应"八大图解框架模型"里的流程图，比如办理户口迁移的流程、做化学实验的步骤、舞蹈动作的顺序等。

第二种是空间顺序，比如武广高铁依次停靠的站点、太平天国运动途经的城市、某一条经纬线穿过的国家等。

第三种是排名顺序，比如梁山108好汉、世界人口最多的国家等。

第四种是文本顺序，虽然是排比句式，彼此是并列关系，但作者按什么顺序写的，你就得按顺序背出来，比如《道德经》第22章："曲则全，枉则直，洼则盈，敝则新，少则得，多则惑。"如果考试默写反了，就没有分数。

顺序信息属于并列信息的特例，使用的记忆方法也比较类似，只是必须按顺序编故事和歌诀。另外，还需要根据考核的方式来确定策略，比如梁山108好汉，如果让你按顺序默写名字，用哪种方式都可以记住，但如果要现场快速抢答："排名18位的是谁？""邹润排名多少位？"此时最好采用定桩法，最优方案是数字定桩法。

另外，如果每一条信息的内容都比较抽象且内容较多，比如文科考试里的问答题，此时采用定桩法可能要优于锁链故事法。比如我国政府工作报告讲到2017年工作重点有"用改革的办法深入推进'三去一降一补'""深化重要领域和关键环节改革""进一步释放国内需求潜力"等，每一句话后面还有很多阐释的内容，我会毫不犹豫地选择使用地点定桩法。

第五种模型：纵横交错的矩阵模型

纵横交错信息（矩阵模型）

	A	B	C
甲	甲A	甲B	甲C
乙	乙A	乙B	乙C
丙	丙A	丙B	丙C
丁	丁A	丁B	丁C

有一些文本信息纵横交错，呈现出"八大图解框架模型"中的矩阵型，就像是在战场上排兵布阵一样。上图里，横向的三个元素分别是A、B、C，纵向的四个元素是甲、乙、丙、丁，每个纵横交叉都会有一个信息。以图表的方式呈现矩阵比较直观，如果没有以图表呈现，可以尝试先用图解转化为这种形式。

五行	木	火	土	金	水
五脏	肝	心	脾	肺	肾
五腑	胆	小肠	胃	大肠	膀胱
五官	目	舌	唇	鼻	耳
五体	筋	脉	肉	皮	骨
五情	怒	喜	思	忧	恐

我以这张图表为例，五行学说是古代朴素的唯物主义哲学，认为

宇宙万物都由木、火、土、金、水五种基本物质的运行和变化所构成，它们相互作用、相互发展，维系着自然的平衡。中医用五行理论来解释人体内脏之间的相互关系、运动变化及人体与外界环境的关系。所以，五行与五脏、五腑、五官、五体、五情都有对应关系，比如"火"在五行里对应着"脉"。

处理这样的矩阵模型有两种方法：

第一种是横向并联式的，可以按顺序依次记住五行、五脏、五腑每一行的内容，五行经常说的顺序是"金木水火土"，此表的顺序是"木火土金水"，可以想象树木着火了吐出金水。五脏是"肝心脾肺肾"，谐音"干新啤废肾"，一口干了新产的啤酒，尿急了废了肾。五腑挑取字头是"胆小胃大胱"，想象一个胆小鬼的胃部发出一大束光芒。

依次将后面的记忆完毕，当问你："'金'对应五脏的什么？"按照"木火土金水"知道"金"是第四个，回忆出"肝心脾肺肾"，找到第四个是"肺"。

第二种是竖向串联式。首先，我们需要记住从上到下的顺序，是五脏、五腑、五官、五体、五情，"脏腑官体情"谐音"丈夫关体情"，联想到丈夫很关注体育比赛的情况。接下来，就依次记住每一列，"木"对应的是"肝胆目筋怒"，联想到肝胆相照，照得眼睛抽筋，引起勃然大怒。"火"对应的是心、小肠、舌、脉、喜，"心小舌脉喜"倒过来记是"喜脉舌小心"，想象医生给孕妇把脉："恭喜你，是喜脉，舌头吃东西要小心哦！"

依次记忆完毕之后，要问你："'火'对应五体里的什么？"你可以调出"心小舌脉喜"，从中挑出属于五体的"脉"。如果考核的次数多了，慢慢你不用歌诀也能脱口而出了。

另外，知识比较型的表格也属于矩阵模型，如果是比较简单的表格，也可以尝试使用"理解记忆法"和"规律记忆法"来记忆，我以生物学科的"动脉、静脉和毛细血管的结构和功能"为例：

血管名称	管壁特点	血液速度	瓣膜	功能
动脉	较厚，弹性大	速度快	无	将血液从心脏输送到身体各部分
静脉	较薄，弹性小	速度慢	四肢静脉的内表面有静脉瓣	将血液从身体各部分输送回心脏
毛细血管	非常薄	最慢	无	便于血液与组织细胞充分地进行物质交换

提前找到规律后，记少不记多。按照动脉、静脉、毛细血管的顺序，发现管壁从较厚到较薄到非常薄，血液速度从速度快到慢到最慢，这个规律找到后就非常好记。而瓣膜，只需要记住特例是"静脉"即可。功能方面，"一动一静"对应的是供血"一送一收"，关键点就是记住毛细血管的功能，"细血"两个字和血液的"血"与组织细胞的"细"有对应关系，也非常好记。

第六种模型：阶层化信息的金字塔模型

金字塔模型对应"八大图解框架模型"里的树型，要记忆起来相对复杂一些。除了在重点部位使用插图强化，以及结合理解记忆法外，还可以灵活使用六根魔棒。

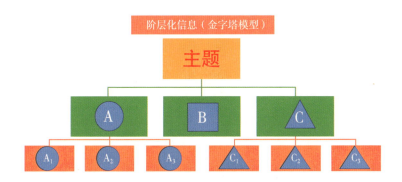

生物课本里《眼和视觉》讲眼球部分的核心要点如下：

眼球分为眼球壁和内容物。眼球壁由三层组成，外层由角膜和巩膜覆盖，角膜无色透明，富含神经末梢，巩膜白色坚固，保护眼球。中层由虹膜、睫状体和脉络膜组成，虹膜有色素，中央有瞳孔，睫状体内有平滑肌，有调节晶状体曲度的作用。脉络膜血管丰富，有营养眼球的作用，同时色素细胞丰富，有遮光和形成暗室的作用。内层是视网膜，视网膜有感光细胞，能够接受光刺激，产生神经冲动。内容物分别是房水、晶状体和玻璃体。房水是水样液，晶状体富有弹性，具有折光作用。玻璃体是胶状物，也是透明的。

这段内容这样呈现，可能不那么直观，我们整理后如下图所示，便可看到它属于典型的金字塔模型。

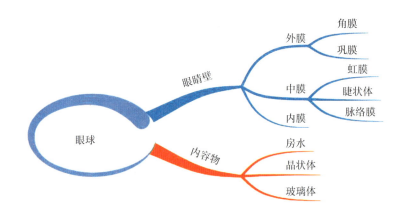

要记忆这样的模型有两种技巧：

（一）先宏观再微观，或从微观到宏观，灵活使用锁链故事法或字头歌诀法。比如从宏观开始，先记住眼球分为眼球壁和内容物，想象眼球类似于墙，墙壁上面写有很多内容。接下来内容物分为房水、晶状体和玻璃体，直接串起来，联想成"房子装的是水晶玻璃"即可。眼球壁的外、中、内层很好记，外膜分为角膜和巩膜，联想到外国人坐公交（巩角）；中膜包括虹膜、脉络膜、睫状体，联想到长着红睫毛的中国人在做脉络按摩。

最后，每个结构的功能，可以通过理解或者配对联想记忆，比如晶状体富有弹性，具有折光作用，想象一颗水晶放在弹簧上，折射着太阳光芒。整个记忆过程反过来，先将细节部分记住，然后再把握宏观框架，也是可行的。

（二）利用多层级的定桩系统，比如地点定桩法或数字定桩法。

利用地点桩来作为多层级定位系统，是指根据记忆材料的层级数，我们可以确定地点的层级数，假设材料有四个层级，我们可以使用家里的房子，再找几间不同的房间，房间里各找几个物品，每个物品又细分为局部，就像"俄罗斯套娃"一样层层相扣。

比如"眼睛壁"和"内容物"分别用客厅和卧室来定桩，因为客厅里有壁画，卧室一般内容比较丰富。"外膜""中膜""内膜"分别想到客厅的餐桌、茶几、电视柜，在餐桌上竖着一个牛角，代表"角膜"，椅子上有一座拱桥，代表"巩膜"；我家的茶几上分别有抽纸、书籍、水果篮，想象一抽抽纸，就抽出了一道彩虹，这代表着"虹膜"，书籍上画着一只眼睛，长长的睫毛在闪动，代表"睫状体"，水果篮里有剥开的橘子，脉络非常清晰，代表"脉络膜"。这个就是多层次的定桩系统，看起来有一点复杂，所以一般而言，第一种方法使用较多。

第七种模型：空间位置关系的地图模型

经常有学生问我地图如何记，一般考核的方式是根据地形填出相应的名称，这种特殊的类型，是基于空间位置关系的地图模型。

我以湖北省行政地图（具体地图请自行搜索查阅）为例，全省有1个副省级城市（武汉）、11个地级市、1个自治州（恩施）、3个省直管市（仙桃、潜江、天门）、1个省直管林区（神农架）。

如果是孤立地呈现某个城市的轮廓图，需要将轮廓图形象化再与城市名称进行配对联想。但如果直接呈现出湖北省地图来填城市名称，则可以借助城市与城市之间的空间位置，切割成局部分别来进行记忆。

我将其分成三条线来记忆，首先是上面的一条直线，从西到东依次是十堰、襄阳、随州、孝感、武汉、黄冈，要记忆顺序使用字头歌诀法可编为：十襄随孝武冈，谐音是"十箱水笑五缸"，想象十箱水对着五缸水在大笑。

下面一条线呈"凵"形，依次是神农架、恩施、宜昌、荆州、咸宁、黄石、鄂州，这些地名我使用的是锁链故事法，神龙（农）在天上摁下按钮施法（恩施），降水到宜昌三峡大坝，让大坝周边的荆棘（荆州）疯长，上面长出了咸咸的柠檬（咸宁），农民用黄色石头（黄石）把它砸下来，饿了就用它来煮粥喝（鄂州），连盐都省了。

最后一条线是中间的环线，从与武汉接壤的仙桃开始，顺时针依次是潜江、荆门、天门，使用字头歌诀法想到"仙潜荆天门"，谐音为"仙潜进天门"，想象一个神仙潜逃进南天门。

现在，请尝试着回忆一下刚才记忆的画面，试着把这三条线上的城市回忆一遍。

在生物学科里，会出现各种动植物的结构图，这是微缩版的"地图"，比如植物细胞结构图、花的结构图、人体心脏结构图等。我们需要记住不同的部位名称，并且在空白的图上辨认出来。有些名称与其形象有一定的逻辑联系，所以可以灵活来进行记忆。

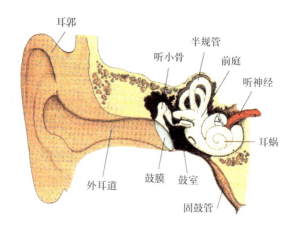

我们以耳部结构图为例，从外往内记忆，"耳郭"是耳朵的外轮廓，"廓"去掉"广"就是"郭"，外耳道、鼓膜、耳蜗、听小骨、听神经的名字和它的形象比较接近，很容易记忆。"半规管"的形状是管状的，联想一下：用半个圆规插在这管子上面。鼓膜、鼓室、咽鼓管从外到里，也可以按顺序想象鼓膜在鼓上，鼓被放在教室里，这些鼓会被下边的管道咽下去，所以叫"咽鼓管"。

根据上面的分享，如果有特征很容易记的，就单独搞定，如果局部有很多部位且特征不明，可以按照一定的顺序，使用类似于地图的方式巧记。

我们再复习一遍这七种信息记忆模型。它们分别是散点模型、钥匙与锁模型、花瓣模型、排队模型、矩阵模型、金字塔模型、地图模型，如果使用字头歌诀法，可以编成"散钥花队矩金地"，谐音是"山药花队举金地"，想象一支举着山药花的花队，在金色地板上站着迎接贵宾。

（官晶／绘图）

这七大信息记忆模型有时会孤立出现，但更多的时候会结伴同行，并且隐藏在书本之中，需要我们的火眼金睛去发现，我在《冥想 5 分钟等于熟睡一小时》这本书上看到一篇大脑科普的文章，假设你要以此题目来演讲，请尝试发现里面的信息记忆模型并将其要点记住。

大脑的"四大金刚"

你的大脑是从下到上、从里到外发展进化的，其主线就是所谓的神经轴，大脑的所有组织都是沿着这条轴线布局的。让我们从底层开始，看一看神经轴的四个主要层次是如何支撑你的企图心的。

脑干

脑干可以向你的整个大脑释放神经调节物质，比如去甲肾上腺素和多巴胺，这会让你感到精力充沛，反应迅速，从而帮助你更好地实现目标、获取奖励。

间脑

间脑由丘脑和下丘脑组成，丘脑是感觉信号的中央管理区。间脑的作用是指挥你的自主神经系统，并通过脑垂体对内分泌系统施加影响。下丘脑会对你的原始需求（比如水、食物和性爱）以及原始情感（比如恐惧、愤怒）进行调节。

边缘系统

边缘系统是从间脑发展进化而来的，包括杏仁核、海马体和基底神经节。基本可以认为它是控制你情感的中央火车站。

边缘结构紧挨着间脑，有些部分在间脑的下面（比如杏仁核）。通常认为边缘属于神经轴里比较高级的部分，因为这些结构都是在进化过程的后期才出现的。不过其中有些结构位置比较靠下，这让人很费解（通常认为，越是后进化出来的大脑结构，位置应该越靠上）。

大脑皮层

大脑皮层包括前额叶大脑皮层、扣带和脑岛。它专门负责抽象逻辑推理和概念、价值标准、计划制订以及组织执行功能、自我监控和冲动控制。大脑皮层区还包括从左耳贯穿到右耳的感知运动连接线（负责感知和移动）、顶叶（负责理解）、颞叶（负责语言和记忆）以及枕叶（负责视觉）。

上面四个层次围绕神经轴共同协作，驱动你去做事。在通常情况下，底层的结构会为高层结构提供方向并使之活跃，而高层结构则会给底层结构提供指导并对其行为进行约束。越是底层的结构，对你的身体的直接控制力就越强，也越难改变其自身神经网络结构。高层结构正好相反：它们对你的行为的直接参与不多，但是具有极大的神经可塑性，能够被你的神经行为和精神行为所改变，并从经验中学习。

沿着你的神经轴，越靠下的部分对于外界刺激的反应越快，越靠上反应时间就越长。比如，你的大脑皮层通过长时间思考，可能决定让你放弃一个眼前的奖励，从而可以在未来获取更大的奖励。在通常情况下，眼光越长远，你的企图心就越明智。

　　第一段作为全文的总起，比较容易理解记忆。第二段脑干部分，主要讲到脑干的功能，可以在理解的基础上使用形象记忆法，把"脑干"想象成豆腐干，"去甲肾上腺素"可以想象去掉铠甲的勇士在肾上骑马时被限速（腺素），"多巴胺"想成有很多伤疤的马鞍。整体想象大脑里的豆腐干向神经释放出类似胡椒的调味物质，去掉铠甲的勇士骑着马鞍上遍是伤疤的马，限速在神经上缓慢地前进，接受到调味物质后立马就很精神，马上就跑到终点，赢得了奖杯。

（官晶／绘图）

第三段"间脑"主要讲间脑以及其组成部分丘脑和下丘脑的功能，所以可以说是典型的钥匙与锁模型，将名称及其功能进行配对联想即可。我把"间脑"想成房间，"间脑的作用是指挥你的自主神经系统，并通过脑垂体对内分泌系统施加影响"这一句，想象在房间里，妈妈手拿指挥棒，孩子就自主到书桌前去学习，头悬在梁上，绳子拉着下垂的脑袋，一拉，身体内就会分泌出很多水分。

"丘脑"想象成房间里的一堆沙丘，沙丘上是一个中央管理机房，里面有很多电脑都闪着信息灯，管理员正在进行调控。"下丘脑"可以想象在沙丘下面，埋着只露出脑袋的孙悟空，正在伸手去拿水和食物，拿不到就非常愤怒。

第四段"边缘系统"，难点在于其包括的部分：杏仁核、海马体和基底神经节，这属于"花瓣模型"。我用的是锁链故事法，想象在电脑主机系统边缘，有个杏仁核掉了下来，砸到了海马的身体，海马脚下的地基底部裂开，像是一节节的神经。

第五段介绍的内容并不是很重要，理解其意思便可。

第六段讲"大脑皮层"，难点在于功能较多且比较抽象，这是并列但不需要严格按顺序记住的"花瓣模型"，可以使用锁链故事法。"逻辑推理"想到侦探，他正准备背《新概念英语》，他用"夹子"标注了完成的时间，并且在纸上制订了计划，按下秒表开始执行起来，在他的桌子前方还有一个监控摄像，一旦他有想放弃的冲动，它就会发出警报控制住他。

（官晶／绘图）

大脑皮层包含的部分包括七个，也是"花瓣模型"，因为比较简单，可以使用歌诀记忆法：前额顶裂（颞）枕，连接线扣岛。想象前额上顶着一个裂开的枕头，枕头上的连接线穿过纽扣堆成的岛。

还有"大脑皮层区还包括从左耳贯穿到右耳的感知运动连接线（负责感知和移动）、顶叶（负责理解）、颞叶（负责语言和记忆）以及枕叶（负责视觉）"，如果要记忆括号里面的内容，就要用到"钥匙与锁模型"。比如顶叶负责理解，想象理发师剃头，是在解决头顶上的问题；枕叶负责视觉，想象在枕头上睡觉就要闭眼，视觉就不起作用了。

最后两段的内容，涉及底层与高层的对比和相互关系，可以通过绘图记忆法呈现，另外我尝试使用了比喻记忆法。可以想象一辆马车，底层是赶车人，高层是主人，赶车人鞭打马"提供方向并使之活跃"，而主人则"提供指导并对其行为进行约束"，不能让赶车人想停就停，想走就走。赶车人主要是体力劳动，所以"对你的身体的直接控制力就越强"，主人不直接参与到鞭打马的行动，他有更多的时间在车里学习知识，所以他"具有极大的神经可塑性，能够被你的神经行为和精神行为所改变，并从经验中学习"。这样是不是很容易就能够理解记忆了呢，尝试回忆并且对照几次，就能够更精准地记住了。

诗词文章的记忆

背诵是记忆力的体操。

——俄国作家　托尔斯泰

诗词文章的背诵自古就是一大难题，晚清名臣曾国藩就曾经被难倒过。据说有一天晚上小偷潜入他的房间，他到了后半夜还在苦背一篇文章，小偷听他反复读了几百遍还记不住，实在忍不住了，从床底下爬出来摔书大吼道："就你这么笨，还读什么书，我在床底下听都听会了。"说完很流利地把那篇文章一字不差地背诵下来，曾国藩羞愧难当，之后更加发愤图强。

老舍先生说："只有'入口成章'，才能'开口成章'。"通过背诵向大脑输入的大量诗词文章，是我们日常口语表达和写作输出的原料，很多知名的作家都是背诵的高手。茅盾可以将《红楼梦》120回倒背如流，巴金可以将200多篇《古文观止》熟背，张恨水14岁前就能背诵"四书五经"，俄国文豪托尔斯泰每天早起都要背诵，博闻强识才写出了《战争与和平》等巨著。

诗词文章的记忆相对比较复杂，几乎包含了各种记忆模型，以及一些不能归类进模型的部分，所以要综合使用各种技巧。我在高中时用形象记忆法背诵《再别康桥》《蜀道难》《前赤壁赋》等文章，在大四时又将《道德经》《论语》《易经》等书完整背下来，在探索的过程中，我慢慢摸索出一些行之有效的方法，背书的速度更快，保持得也更长久，本章我将分享给大家。

背诵文章的步骤：

第一步：整体把握文章

先通过看、读、听等方式感官记忆，此时主要了解文章的核心主题、逻辑结构、表达方式等，同时边阅读可以边想象画面，有些简单的段落自然而然就记住了。此时默读一遍，朗读一至两遍即可。

第二步：消灭拦路虎

有些生僻的字词句等，可以通过注释和译文弄懂，如果用理解的方式无法记牢，可以使用记忆法来强化记忆。当我们消灭了这些拦路虎，对于整篇文章的记忆就更有信心了。

第三步：巧用记忆法

比较长篇的文章，可以先梳理出提纲，比如议论文的论点和论据，记叙文的起因、经过、发展、高潮、结果，说明文的说明顺序：时间顺序、空间顺序、逻辑顺序等。

具体段落我们要各个击破，此时要寻找出不同的记忆模型，有些诗词通过形象记忆法想象画面就能记住，有些属于排比句式的"排队模型"，可以使用锁链故事法或字头歌诀法，也可以用绘图记忆法来辅助。特别是长篇的诗词文章，比如《长恨歌》《岳阳楼记》《赤壁赋》等，可以用地点定桩法来辅助记忆各段落或句子之间的顺序。

第四步：清理死角

记忆法不能解决所有问题，有些个别的字词可能容易忘记，或者某些词语的顺序老背错。此时我们需要通过尝试回忆来找到死角，将这些部分圈出来，对其进行强化记忆，直至能够逐字背诵。

第五步：科学复习

在把每一段各个击破之后，我们需要及时多巩固两遍，然后再记忆下一段的内容，下一段记忆牢固后再复习前一段，这样滚雪球式的复习方法，可以让我们的记忆保持更久。当所有段落都记忆完毕之后，可以再整体复习背诵两三遍，记忆心理学里提到"过度学习理论"，就是当你可以一字不漏背出来时，可以再加一点火候，让它超过"沸点"，这样记忆可以保持得更久。

本章我们以具体的实例来演示，讲解如何巧用记忆法背诵文章。

一、形象记忆法

在诗词文章中，针对比较形象且有情节的写景或叙事的部分，我们可以使用"形象记忆法"，身临其境在脑海中想象画面，比如《荷塘月色》《观沧海》《桃花源记》等。

叙事类的片段，我举两个例子：

张岱《湖心亭看雪》

到亭上，有两人铺毡对坐，一童子烧酒炉正沸。见余大喜曰："湖中焉得更有此人！"拉余同饮。余强饮三大白而别。

乐府民歌《木兰诗》

开我东阁门，坐我西阁床。脱我战时袍，著我旧时裳。当窗理云鬓，对镜帖花黄。出门看火伴，火伴皆惊忙：同行十二年，不知木兰是女郎。

这两段都比较容易理解，第一段讲的是作者看到亭里有人饮酒，拉他一起喝了三大杯。第二段讲花木兰回家后脱下戎装，变回女儿身后，伙伴们得知她是女郎，惊慌失措。我们只需要将"剧本"变成大脑里的"电影"即可记住，如果一些细节部分的措辞记不住，可以单独添加形象。

写景类的，我举唐代诗人王维的《山居秋暝》为例：

山居秋暝

空山新雨后，天气晚来秋。

明月松间照，清泉石上流。

竹喧归浣女，莲动下渔舟。

随意春芳歇，王孙自可留。

译文：

空旷的群山沐浴了一场新雨，夜晚降临使人感到已是初秋。

皎皎明月从松隙间洒下清光，清清泉水在山石上淙淙淌流。

竹林喧响知是洗衣姑娘归来，莲叶轻摇想是上游荡下轻舟。

春日的芳菲不妨任随它消歇，秋天的山中王孙自可以久留。

在脑海中想象画面时，可以参考官晶绘制的这幅图，想象一座空旷的山上正在下雨，刮起的风将秋天的树叶吹落，叶落到一片松树林里，明月照在这松树之间，松树旁边一条清泉流过石头，河流的中游浣衣女洗完衣服走过竹林，发出喧响，而水中的莲叶被渔船惊动了。最后在下游，想象春天的花已经凋谢了，一个人留着不走，在这里的房子里住下了。

（官晶 / 绘图）

在想象画面时，如果上下句之间没有比较清晰的关系，我们需要自己去构建空间关系，将一个个分镜头连起来，这样回忆起来更流畅。上面这首诗是使用顺时针的方向来构建画面的。

当我们将整个画面在脑海中想象两三遍之后，就可以尝试着回忆，对一些死角再去强化记忆。

二、锁链故事法

在诗文里经常会有并列的信息，比如在文章中有并列的修饰词或名词，或者是排比式的句子，此时容易遗忘前后的顺序，可以用锁链故事法来辅助记忆。我举戴望舒的《我的记忆》里的片段为例：

> 我的记忆是忠实于我的，
>
> 忠实甚于我最好的友人，
>
> 它生存在燃着的烟卷上，
>
> 它生存在绘着百合花的笔杆上，
>
> 它生存在破旧的粉盒上，
>
> 它生存在颓垣的木莓上，
>
> 它生存在喝了一半的酒瓶上，
>
> 在撕碎的往日的诗稿上，
>
> 在压干的花片上，
>
> 在凄暗的灯上，
>
> 在平静的水上，
>
> 在一切有灵魂没有灵魂的东西上，
>
> 它在到处生存着，
>
> 像我在这世界一样。

记忆存在于烟卷、笔杆、粉盒、木莓、酒瓶、诗稿、花片、灯、水、有灵魂没有灵魂的东西上，牢记这些关键词的顺序是难点，此时就可以使用锁链法或故事法，用锁链法可以想到：

用点燃的烟卷去烧笔杆上的百合花，笔杆的尖头正在粉盒上面写字，粉盒压在颓垣的木莓上，木莓压出汁滴进了酒瓶里，酒瓶的另一端压着撕碎的诗稿，从诗稿里飘出一片片压干的花片，花片飞到凄暗的灯上，灯光投射在平静的水面上，水里有一个灵魂在浮动着。

结合下面的绘图，你尝试着记住这首诗吧。

（官晶／绘图）

三、字头歌诀法

针对并列类的信息，当我们对文字材料熟读之后，除了使用锁链故事法，还可以用字头歌诀法，特别是比较容易提炼出关键字的。我先以《孟子》里的《生于忧患，死于安乐》为例：

> 舜发于畎亩之中，傅说举于版筑之间，胶鬲举于鱼盐之
> 中，管夷吾举于士，孙叔敖举于海，百里奚举于市。
>
> 译文：舜从田野耕作之中被起用，傅说从筑墙的劳作之
> 中被起用，胶鬲从贩鱼卖盐中被起用，管夷吾被从狱官手里
> 救出来并受到任用，孙叔敖从海滨隐居的地方被起用，百里
> 奚被从奴隶市场里赎买回来并被起用。

这几句开头写的是六位历史名人，紧接着是说他们在哪里被起
用，难点在于顺序，挑字头是"舜傅胶管叔百"，"孙叔敖"我挑取了
"叔"，和"百"组合谐音成"叔伯"，这句话就谐音为"舜付胶管叔
伯"，想象舜交付出一个胶管给叔伯。

再来看一句《道德经》里的例子：

> 善行，无辙迹。善言，无瑕谪。善数，不用筹策。善
> 闭，无关楗而不可开。善结，无绳约而不可解。
>
> 译文：善于行走的人，不会留下痕迹；善于言谈的人，
> 不会留下破绽；善于计数的人，不必使用筹码；善于封闭的
> 人，不用门闩，别人也打不开；善于打结的人，不用绳索，
> 别人也解不开。

我提取字头"行言数闭结"，谐音为"杏眼数闭结"，想象杏眼数
次闭上，最后结束了生命。根据这个字头歌诀，这五句的顺序就记住
了，由这些字头依次想起后面的内容，整句话就能完全回忆出来。

四、综合运用法

"记忆无定法，灵活最为王"，我以荀子的《劝学》这篇议论文为例，跟大家一起看看如何根据情况灵活使用记忆法，更好地将文章背诵下来。

劝学

君子曰：学不可以已。

青，取之于蓝，而青于蓝；冰，水为之，而寒于水。木直中绳，𫐓以为轮，其曲中规。虽有槁暴，不复挺者，𫐓使之然也。故木受绳则直，金就砺则利，君子博学而日参省乎己，则知明而行无过矣。

吾尝终日而思矣，不如须臾之所学也；吾尝跂而望矣，不如登高之博见也。登高而招，臂非加长也，而见者远；顺风而呼，声非加疾也，而闻者彰。假舆马者，非利足也，而致千里；假舟楫者，非能水也，而绝江河。君子生非异也，善假于物也。

积土成山，风雨兴焉；积水成渊，蛟龙生焉；积善成德，而神明自得，圣心备焉。故不积跬步，无以至千里；不积小流，无以成江海。骐骥一跃，不能十步；驽马十驾，功在不舍。锲而舍之，朽木不折；锲而不舍，金石可镂。蚓无爪牙之利，筋骨之强，上食埃土，下饮黄泉，用心一也。蟹六跪而二螯，非蛇鳝之穴无可寄托者，用心躁也。

译文：

君子说：学习是不可以停止的。

靛青，是从蓝草中提取的，却比蓝草的颜色还要青；冰，是水凝固而成的，却比水还要寒冷。木材笔直，合乎墨线，如果它把烤弯煨成车轮，那么木材的弯度就合乎圆的标准了，即使再干枯了，木材也不会再挺直，是因为经过加工，使它成为这样的。所以木材经过墨线量过就能取直，刀剑等金属制品在磨刀石上磨过就能变得锋利；君子广泛地学习，而且每天检查反省自己，那么他就会聪明多智，而行为就不会有过错了。

我曾经整天思索，却不如片刻学到的知识多；我曾经踮起脚远望，却不如登到高处看得广阔。登到高处招手，胳臂没有比原来加长，可是别人在远处也看得见；顺着风呼叫，声音没有比原来加大，可是听的人听得很清楚。借助车马的人，并不是脚走得快，却可以行千里；借助舟船的人，并不是能游水，却可以横渡江河。君子的本性跟一般人没什么不同，只是君子善于借助外物罢了。

堆积土石成了高山，风雨就从这儿兴起了；汇积水流成为深渊，蛟龙就从这儿产生了；积累善行养成高尚的品德，那么就会得到高度的智慧，也就具有了圣人的精神境界。所以不积累一步半步的行程，就没有办法达到千里之远；不积累细小的流水，就没有办法汇成江河大海。骏马一跨越，也不足十步远；劣马拉车走十天，也能走得很远，它的成功就在于不停地走。刻几下就停下来了，腐烂的木头也刻不断。不停地刻下去，金石也能雕刻成功。蚯蚓没有锐利的爪子和牙齿、强健的筋骨，却能向上吃到泥土，向下可以喝到泉水，这是由于它用心专一啊。螃蟹有八只脚、两只大爪子，如果没有蛇、蟮的洞穴它就无处存身，这是因为它用心浮躁啊。

（选自周红兴《古代诗文名篇选读》，

北京：作家出版社）

第一步是整体把握文章，通读一两遍后，知道本文是一篇议论文，主要讲的是要好好学习，作者大量使用了比喻，整篇文章相对容易懂。

第二步是消灭拦路虎。对于一些疑难的字词，我们可以把字形拆分成熟悉的汉字，把字音联想到同音或近音字，再与字义一起编成一个故事来记忆，我举三个例子。

槁（gǎo）：枯。

"槁"拆分为"木""高"，gǎo 同音字想到"搞"。

联想记忆：木头太高了，树根搞不定输水工作，树尖上都枯了。

跂（qì）：提起脚后跟。

"跂"拆分为"足""支"，qì 同音字想到"气"。

联想记忆：提起脚后跟的要领就是要把足支起来，还要用丹田吸气。

跬（kuǐ）：半步。

"跬"拆分成"足""土""土"，kuǐ 同音字想到傀儡的"傀"。

联想记忆：一个人做了傀儡，两足跪在两堆土上半步不能移动。

将这些疑难字词搞定之后，我们再对照译文梳理一下文意。

第三步是巧用记忆法。针对这篇议论文，我们可以先梳理出提纲，荀子着重论述了学习的意义、作用和态度。

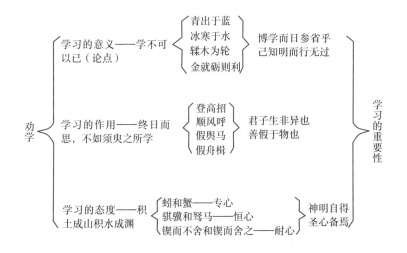

在具体背诵时，我们只要抓住每一段的论点和论据，刻意记忆一下论据的顺序，后面的内容用形象记忆法即可。比如第二段，记住青、冰、木、金这四个关键词，具体到"木直中绳，輮以为轮，其曲中规，虽有槁暴，不复挺者，輮使之然也"这句，想象手拿着木材在墨线上测，非常直，然后把它烤弯变成车轮，拿圆规来比画一下还挺圆，木材非常干枯，挣脱着想要挺直，但就是挺不直。

第三段是排比句式，我读高三时采取的是锁链故事法。想象我在做着思考者的样子，然后放下手开始看书，书架很高，我踮起脚来看不到，于是就站在椅子上看，此时我看到窗外的同学，就和他招手，他大老远就看到我了，他顺着风呼唤我的名字，我听得非常清楚。我兴奋地想要快点见到他，就骑上了千里马，接他上马之后，我们就划着小船去江河里玩耍。

通过增加部分过渡的情节，将"终日而思""须臾之所学""跂而望""登高而招""顺风而呼""假舆马者""假舟楫者"等建立了联系，从而帮助我按照顺序背出来。

当然也可以用地点桩来区分顺序，我更倾向于地点桩结合故事法，比如："积土成山，风雨兴焉；积水成渊，蛟龙生焉"放在一个地点，假设地点是一张床，想象成这样的画面：床上有一座土山，上方正风雨大作，山下积成一个深渊，里面飞出一条蛟龙。接下来，下一个地点再继续记忆。

第四步是清理死角。一般来说，一些过渡词容易遗忘，比如"故木受绳则直""故不积跬步"里的"故"，我们可以用红笔画圈突出。有些比较容易混淆的，我们可以转化成形象，这样就能消灭死角，每一次检测时，都会发现比上一次更熟练，最终达到全部内容的精准记忆。

当然，熟背之后还需要科学复习。如果是早自习背的课文，我会在吃早餐排队时去回忆，没有想起来的及时强化，课间没事就翻翻书看几眼，当晚也会再默背一遍来巩固强化，后面几天早自习也会复习之前的内容。在书本上，我会记录下每篇课文第一次、第二次、第三次背诵的日期，方便安排复习的时间。复习时除了直接看文章，也可以尝试听课文的音频，另外还要尝试自测，通过背诵或默写的方式。

这一节我们举了很多文章作为案例，看完并不代表你就掌握了，关键还是要在练习中探索。如果你还是学生，在语文课和早自习时，就可以尝试使用这些方法，至少背下 20 篇文章，你就会运用得越来越娴熟。如果你已经工作，可以挑选一些国学经典来背诵，比如《大学》《道德经》《孙子兵法》《唐诗三百首》，让这些经典融入你的精神内核里。背诵是大脑记忆的体操，赶紧操练起来吧！

英语单词的记忆

记单词本身不存在科学问题，
能帮助记忆的方法就是最科学的。

——新东方创始人　俞敏洪

06

英语单词曾让我非常头疼，大学时每周英语课都要听写，我课前都在奋笔疾书，狂抄单词，但依然会出现听写不及格的情况。后来我考六级时，干脆就不记单词了，裸考的分数只是勉强过关。直到参加记忆培训班接触到单词记忆法后，我才重新拾起那本崭新的六级单词书，花了一周时间将所有单词背了下来，让英语专业的朋友都觉得很震惊。

我以前畏惧背单词，主要是因为单词比较枯燥，很难将拼写、读音和意思建立联系，记忆量大了后就容易张冠李戴。更重要的是，今天背了明天就忘了，竹篮打水一场空，没有一点成就感。我甚至想："我以后就找一份不需要英语的工作吧，不受背单词这份罪了！"

那时候我常用的英语单词记忆法有这些：

1. 音标拼读法

根据音标去拼读单词，对于比较符合发音规则的，能够准确地记忆拼写，但是没有办法解决与意思的配对问题。有些不按照常理发音的，可能会添加、漏掉字母，或出现个别的错位。

2. 五多记忆法

就是多看、多读、多听、多写、多想，我一般一个单词会抄至少

20遍，一边抄一边读"mall购物商场，mall购物商场"，还要把录音带听上好多遍，但是过几天还是"摸"不清楚。如果只是身体在机械地读写，并没有用心去记，最终可能也是流于形式，这是假装很努力的低效记忆。

3. 词根词缀法

我只掌握了最常见的前缀和后缀，再根据单词和词缀来推出意思。前缀会改变单词的意思，后缀只改变单词的词性。比如前缀post表示"在……后"，它和war（战争）组合成postwar，可以推出其意思：战后的。前缀pre表示"在……前"，preface的意思是"前言"，一本书的"前言"就是在前面的脸面（face）嘛！

用这种方式可以一记记一串，比如bat表示"打"，加一个前缀com（共同）是combat，意思是"跟……战斗"，再加上一个后缀ant（……的人），就是"战士"的意思。如果加了形容词后缀tive，就变成了combative，意思是"好斗的，好战的"。

词根词缀法想要精通，需要掌握几百个词根和词缀。不过，并不是所有单词都有词根词缀，而且这个方法需要提前记忆大量词根，所以也有它的局限性。

4. 谐音记忆法

初学英语时，你肯定用过"三克油"来记住"thank you"，用过"应给利息"来记忆"English"，你会在书上给单词用汉语注音，因为谐音之后更形象好记。《中国合伙人》这部电影里，讲了"pest害虫"这个案例，谐音为"拍死它"。

我们在谐音之后，也可以和意思进行联想，比如"bleat羊叫"，谐音为"不理它"，联想为：羊在叫，如果我们不理它，它就会被狼吃掉。又如："ghost 幽灵"，谐音为"勾石头"，想象幽灵在勾石头。谐音法需要在正确发音的基础上，高中以上的学生可酌情采用。

5. 语境记忆法

看着单词表孤立地背单词，效果比不上在语境里记忆，我初中同学尹强是英语尖子生，说话中间总会夹杂着英文，他说他从来都不刻意背单词，而是在大量阅读英语文章时潜移默化记住的。

以 crazy 这个单词为例，你看到"疯狂的，愚蠢的"这些意思，这些只是比较抽象的词汇，我们再读读例句：That noise of children is driving me crazy.（孩子们的声音让我都要疯了。）此时脑海中会浮现出一个场景：一群小朋友在吵着嚷着，我捂住耳朵非常抓狂！语境也是一种形象记忆的方式，比孤立背单词更容易留在我们的大脑里。

用记忆法来背单词，以上这些方法都可以结合应用，因为没有任何一种方法是完美无缺的，能够解决所有单词记忆的问题。如果你现在是英语入门者，没有必要使用记忆法，多读多听就好了。如果你需要记住海量单词，比如四六级、考研、托福等，而你对你记单词的效率不满意，可以尝试学习我介绍的这三种单词记忆法：组块故事法、比较记忆法、形近串记法。刚开始学习新的方法，肯定会不习惯，肯定会拖慢速度，所以背单词的动力非常重要，只有下定决心一定要攻破单词关，你才能一步步成为"单词速记王"。

第一节　组块故事法

很多人一看到英语单词，就开始自动进入复读机和复写纸模式，比如看到"ambition 野心"这个单词，就开始拼读和抄写："a—m—b—i—t—i—o—n，ambition""a—m—b—i—t—i—o—n，ambition"，接下来带上意思："ambition 野心""ambition 野心""ambition 野心"，他确实是带着"俺必胜"的野心想把单词记住，然而这种方式很低效，需要重复上百次才可能牢记。

我们回顾一下我们是如何来记复杂的汉字的，比如"赢"，你是不是会想到"亡口月贝凡"？有时候还会用谜语的方式，比如："一个人，他姓王，口袋装着两块糖"，这是"金"，"一竖横折横折装，秃宝盖下有月亮"，这是"骨"。我们并没有把它们拆成一撇一捺来记忆，而是拆成了熟悉的汉字，记忆量就小了很多。

英语单词的记忆原理是相通的，我们在记忆单词时，也要去找到熟悉的部分，这叫作"组块"，组块越少，记忆量越小。组块故事法的第一步，就是观察找到熟悉的组块，每个人找到的可能不一样，单词量越大的人，找到组块的可能性越大，而且组块的数量会越少。

根据我的经验，组块一般有以下几种类型：

一、词根和词缀

ambition（野心）可以拆分成三大组块：amb（前缀：周围）、it（词根：走）、ion（后缀：表示状态、行动），联合在一起就是"到处走"，古罗马人为了竞选就要到处走动拉票，想拉票的人自然是有野心的政治家。

二、熟悉的单词

合成词是比较典型的，比如 snowfall（下雪），我们发现它由 snow 和 fall 组成，瞬间就记住了。color-blind（色盲的）、well-meaning（善意的）、good-looking（好看的），也属于这一类型。

还有一种形式，比如 groom（新郎）这个单词，里面有 room（房间），smother（使窒息）里面有 mother（妈妈），hesitate（犹豫）里面有 he（他）、sit（坐）、ate（吃的过去式），当我们发现这些熟悉的单词时，记忆也会变得容易很多。

三、熟悉的拼音

汉语拼音也可以辅助记忆单词，比如 tangle（纠纷）可以想到拼音"烫了"，change（改变）可以想到拼音"嫦娥"，gangster（歹徒）里，把"gang"看成拼音就可以想到"缸"，salute（敬礼）可以拆分成 sa（洒）、lu（路）、te（特）。

四、定义的编码

在单词里经常出现的字母组合，我们会将其定义成编码形象，编码方式有以下几种：

1. 利用谐音。

有些虽然是词缀，但仍然比较抽象，比如 tion 和 sion 都表示名词后缀，可分别谐音定义成"神"和"婶"的形象。

2. 联想到相关单词或形象。

比如"gl"可以联想到 glass（玻璃），"sh"可以联想到 ship（船），ad 可以联想到 AD 钙奶。

3. 利用汉语拼音。

有些本身就是完整的拼音，比如 cu 醋；另一种是拼音的声母组合，比如 pr 可以全拼为 puren（仆人），fr 可以全拼为 furong（芙蓉）。

4. 形象化。

比如 oo 像"眼镜"、olo 像"奥特曼"，这种相对少一些。

下表里是我总结的部分编码，你可以先借用。在练习过程中需要创造新的组合，可以先临时进行编码，如果发现这个组合经常出现，再将"临时工"升级为"正式工"，以后看到这个组合就可以将其作为组块。

记忆魔法师字母组合编码表（词首篇）

组合	编码	组合	编码
ab	阿爸（拼音）	em	鹅毛（拼音）
ap	阿婆（拼音）	fr	芙蓉（拼音）
ad	AD 钙奶（联想）	fl	俘虏（拼音）
al	ali 拳王阿里（拼音）	gr	工人（拼音）
ar	矮人（拼音）	gl	glass 玻璃
au	Australia 澳大利亚	ph	phone 电话
br	brain 大脑	pro	（东）坡肉（谐音）
co	Coca cola 可口可乐	pr	仆人（拼音）
con	恐龙（谐音）	ex	exam 考试
com	computer 电脑	sh	书（拼音）
cl	clean 清理	st	stone 石头
dr	敌人（拼音）	th	thief 小偷
en	白求恩（拼音）	un	UN 联合国

注：没有标注的都是单词。

记忆魔法师字母组合编码表（词中词尾篇）

组合	编码	组合	编码
cive	师傅	tory	toy 玩具
nant	榔头	tent	帐篷（单词）
ous	肉丝	ment	门童
duce	堵车	dent	灯塔
tive	铁壶	sion	婶
vene	维尼熊	tion	神

注：没有标注的均为谐音。

以单词 prospective（预期的）为例，里面可以看到编码 pro（东坡肉）和 tive（铁壶）。remnant（残留部分）这个单词可以看到 nant

（榔头）。熟悉的常用组合编码越多，记忆单词就越容易。

当然，英语单词不一定能够全部拆成组块，也会有一些落单的字母，为了方便编故事记忆，我们将每个字母也进行了编码，编码通过音、形、义等方式，下面提供了一组供你参考。

记忆魔法师字母编码表			
字母	编码	字母	编码
Aa	Apple 苹果	Nn	门（形状）
Bb	笔（拼音）	Oo	鸡蛋（形状）
Cc	月亮（形状）	Pp	皮鞋（拼音）
Dd	弟弟（拼音）	Qq	气球（形状）
Ee	鹅（拼音）	Rr	小草（形状）
Ff	斧头（拼音）	Ss	蛇（形状）
Gg	鸽子（拼音）	Tt	伞（形状）
Hh	椅子（形状）	Uu	水杯（形状）
Ii	蜡烛（形状）	Vv	漏斗（形状）
Jj	钩子（形状）	Ww	皇冠（形状）
Kk	机枪（形状）	Xx	剪刀（形状）
Ll	棍子（形状）	Yy	衣撑（形状）
Mm	麦当劳（形状）	Zz	闪电（形状）

比如单词 spark（火花），可以找到熟词 park（公园），此时落单的 s 就可以变成编码"蛇"；比如 pearl（珍珠），可以找到熟词 pear（梨子），再加上 l（棍子）。

使用组块故事法的步骤如下：

第一步：观察发现单词里面的组块，尽量将单词拆分成最少的组块。按照词根词缀、单词和拼音、字母组合、孤立字母这样的优先顺序来拆分。

如果有些能够用词缀的意思来逻辑联想，就不需要刻意使用编码，比如 compose（构成），很容易想到 com 是前缀"共同"，pose 是词根"摆放"，共同摆放就是在构成新的布局。但 comma（逗号）这个单词里，com 就不是前缀，所以用编码"电脑"，ma 可以想到拼音"马"，这样拆分就只有两个组块。

第二步：将拆分的组块和单词的意思，一起编成一个故事。故事要求简洁、形象，在脑海中要浮现出画面，并且尽量按照组块的顺序来编，注意故事的前后逻辑要合理。

第三步：尝试回忆故事并拼写出单词，并说出单词的意思。

我举三个单词为例：

1.expand 扩张

如果熟悉词根词缀，可以知道 ex 是表示"往外"的前缀，"pand"这个词根的意思是"膨胀"，向外面膨胀当然就是"扩张"的意思。不认识词根词缀也没关系，ex 可以想到单词 exam（考试），pand 长得很像 panda（熊猫），故事是：在比武考试的现场，熊猫步步为营，扩张自己的地盘。

（官晶／绘图）

2.contact 联系

con 是表示"共同"的前缀，tact 这个词根表示"接触"，共同接触也就是"联系"的意思。如果不清楚词根词缀，con 的编码是"恐龙"，ta 通过拼音想成"吉他"，ct 我一般会想到中央电视台 CCTV，我的故事是：恐龙会弹吉他，记者联系它邀请它上 CCTV 现场直播。

（官晶／绘图）

3.digest 消化

dig 是"挖掘"的意思，est 在这里不是表示"最高级"，但可以借用这个意思，联想到对知识挖掘得最深的人，也最容易消化。另一种是拆成三个组块：di（弟弟）、ge（割）、st（石头），故事可以想成：弟弟割了一块石头吃下去了，石头在肚子里不消化，他好难受。

（官晶／绘图）

因为组块拆分每个人都不同，所以为了方便练习，我提供五个已经拆分好的组块，请你尝试编故事来记忆。

1. cherish 珍视

拆分：che 车（拼音）+ri 日——太阳 +sh 书（编码）

故事：_____

2. sketch 素描

拆分：sk 思考者（拼音）+et 外星人（电影《E.T. 外星人》）+ch 尺子（编码）

故事：_____

3. spanish 西班牙的

拆分：spa 水疗（SPA 是拉丁文 Solus Par Agula 的简称）+ni 泥巴 +sh 书（编码）

故事：_____

4. dominant 占优势的

拆分：do 做 +min 最小 +ant 蚂蚁

故事：_____

5. glimpse 瞥见

拆分：gli 沟里（谐音）+mp 麻婆豆腐（拼音）+se 色——彩色笔
（拼音）

故事：_____

测试时间：

汉译英					
意思	占优势的	珍视	瞥见	西班牙的	素描
单词					
英译汉					
单词	glimpse	dominant	cherish	sketch	spanish
意思					

记忆魔法学徒（《大脑赋能精品班》学员阴亮）分享：

1. 车里射进了太阳，晒到我珍爱的书上面。

2. 思考者在教外星人用尺子画素描。

3. 西班牙的 SPA 是在泥巴里做的，一边做还能一边读书。

4. 他是微雕大师，做最小的蚂蚁，他是有优势的。

5. 我瞥见沟里的麻婆豆腐都变色了。

第二节　比较记忆法

对汉语里相类似的字，我们一般会进行比较记忆，比如：

"兵"对"丘"说：看看战争有多残酷，两条腿都炸飞了。

"冤"对"兔"说：我总算找到一个窝。

"占"对"点"说：买小轿车了？

记忆英语单词也可以借鉴，我们能够比较兄弟单词的异同，就可以通过熟悉的来记忆不熟悉的，也可以通过比较来区分易混的。

一、比较熟词记忆新词

一般情况下，一旦认出要记的单词和哪个单词比较相近，是增减了字母还是替换了字母，就比较容易记住了，如果再刻意联想一下，印象就会更深刻。

比如 policy（政策、方针）这个词，它长得和 police（警察）很像，不相同的是最后的 e 变成了 y，y 的编码是弹弓，将新单词不一样的部分、新单词的意思、旧单词的意思联想成这样的故事：警察拿着弹弓（y）来落实政策方针，打那些非法占道的鹅（e）的屁股。一般情况下，我们比较容易分辨哪个字母换了，熟悉单词里的那个字母也可以不用编进去。

greet（招呼）这个单词，容易让人想到 great（伟大的），一个是 et（外星人）结尾，一个是 at 结尾，可以联想成：一个伟大的（想象很巨大而且闪着光的）外星人正在和你招手打招呼。这里两个单词不一样的虽然只有一个字母，但单个字母不容易确定位置，把前后的字母也组合在一起进行区分，会更容易一些。

下面的五个单词，已经帮你找出了相近的单词，请你联想故事来记忆。

1.charge 指控

比较：change 改变

联想：_____

2. stuff 原料

比较：staff 全体职员

联想：_____

3.flour 面粉

比较：floor 地板

联想：_____

4.prey 被捕食之物

比较：pray 祈祷

联想：_____

5.bondage 束缚

比较：bandage 绷带

联想：_____

汉译英					
意思	面粉	束缚	被捕食之物	指控	原料
单词					
英译汉					
单词	bondage	flour	stuff	charge	prey
意思					

记忆魔法学徒（国际记忆大师王雪冰）分享：

1. charge 指控　change 改变

联想：路人经常随意踩草（r），被警察指控后，他改变了，不敢再碰草地一步。

2. stuff 原料　staff 全体职员

联想：全体职员将苹果（a）放在水杯（u）中，作为泡茶的原料。

3. flour 面粉　floor 地板

联想：我们（our）家的地板上撒满了面粉。

4. prey 被捕食之物　pray 祈祷

联想：神父在祈祷那只鹅（e）不要变成被捕食之物。

5. bondage 束缚　bandage 绷带

联想：他被人用绷带绑在桌子上面（on），处于束缚的状态。

二、比较差异区分单词

有时候，两个单词都分别记过，但是容易混淆，我们也可以将其放在一起，将不一样的部分圈出来，分别和意思进行配对联想来区分。一般来说，逆序的单词书容易将相近的放在一起比较。

我举几个例子：

altitude 高度

attitude 态度

这两个单词仅一个字母之差，"高度"是 l，这个字母还算有高度吧；"态度"是 t，态度的"态"正好声母是 t，这样就容易区分了。

adopt 收养、采纳

adapt 使适应、改编

这两个单词也让不少人纠结过，我们看看这个 o，会想到 OK，想象你收养孤儿的方案被采纳了，别人做出了 OK 的手势。其实把一个想清楚了，另一个就自然清楚了。如果你记不住这个 a，也可以想想，"改编"的"改"拼音里不是包含着 a 吗？

infect 传染，感染

affect 打动，震动；影响

前面两个字母不一样，in 的意思是"在里面"，可以想象在封闭的空间里面容易被传染疾病；af 可以拼音想到"爱妃"，爱妃打动了皇帝，在宫里的影响力很大。

intension 强度、紧张、专心致志

intention 意图、打算、意义

这个我们用字母组合编码来区分，sion 想到婶婶，婶婶每天高强度地专心致志练习广场舞，但一到比赛还是紧张得发抖。tion 想到神仙，比如想到财神，他正对着一张图纸打算盘，算出账来有 1 亿（意义）。

第三节　形近串记法

上面的是双胞胎，对于更多长得相近的"多胞胎"，我们可以用形近串记法，常用的方式有歌诀串记和故事串记，我分别举例说明。

一、歌诀串记

汉字里有形声字，容易混淆，此时我们会用歌诀来辅助记忆，常见的歌诀有两种类型。

第一类：结合意思和情境编歌诀。比如："为了健康多锻炼，蓝蓝爱踢鸡毛毽，敲打键盘学打字，再画犍牛拴庭院。"此处串记了健、毽、键、犍这四个字。"跑到家中脸绯红，喝杯咖啡乐融融，接听电话人徘徊，排队献血是英雄。"辅助记忆了绯、啡、徘、排这四个字。

用在英文单词的记忆上，类似的案例有："潮汐（tide）、边缘（side）、广（wide）、骑马（ride）、皮革（hide）、藏（hide）"，都是以 ide 结尾的单词；"温和的（mild）、野蛮的（wild），都是前生修（build）来的"，这三个单词都是以 ild 结尾的单词。介绍这种方式比较出名的书是《黑英语》，比如：

有一个 year（年），天空很 clear（晴朗）

下有个 bear（狗熊），被割掉 ear（耳朵）

气跑了 dear（爱人），想起了 swear（誓言）

第二类：结合字形的不同来编歌诀。比如，为了区分"清、请、晴、情、倩、晴、蜻、精"，编成歌诀：

有水方说清，有言去邀请，

有目是眼睛，有心情意浓，

丽人留倩影，日出天气晴，

有虫是蜻蜓，有米人精神。

汉字里是将偏旁部首独立出来编进去，同时也融入了情境；英语单词主要是将不同的字母形象化，和意思一起编入歌诀。比如，以 ill 结尾的七个单词：

gill 峡谷

mill 碾磨

nill 不愿意

rill 小河

grill 烤架

sill 基石

swill 痛饮

编歌诀时首先观察不一样的部分，有时候可以适当结合后面的字母，比如 nill，我选择 ni，就会想到"你"。我转化的形象分别是 g 哥哥、mi 米、ni 你、r 小草、gr 工人、s 蛇、sw 斯文人，先试试编出第一句：哥到峡谷碾磨米，这句将前两个单词包含进去了。接下来是：你不愿吃河边草，工人烤蛇在基石，斯文也应痛快饮。

然后将相应的字母和单词标注，如下：

哥（g）到峡谷（grill）碾磨（mill）米（mi），

你（ni）不愿（nill）吃河（rill）边草（r），

工人（gr）烤（grill）蛇（s）在基石（sill），

斯文（sw）也应痛快饮（swill）。

（官晶／绘图）

在回忆这个歌诀时，我们脑海中可以浮现出画面，比如想到基石，回忆一下单词是 sill，一般在脑海中过三遍就会很深刻，再分别考考不同的单词，考到单词时回想出在这个故事里的场景，熟练之后，不用想歌诀也可以脱口而出了。

二、故事串记

除了编歌诀的方式，也可以编一个故事，以dle结尾的单词为例：

handle 使用

candle 蜡烛

needle 针

noodle 面条

这四个词后面的部分都相同，只需要区别对待前面的部分，"handle"可以提取"hand（手）"，"candle"是"can（罐头）"，"needle"提取的是"need（需要）"，"noodle"提取"no（不）"。

串烧的故事是：我的双手（hand）使用很灵活，在罐头（can）上面点上了蜡烛，我需要（need）用它来烧红针，然后把面条划开，吃客直摇头："No！"

bend 弯曲

fend 保护

rend 撕碎

tend 照料

vend 贩卖

wend 行走

记忆魔法学徒（国际记忆大师雍丹妮）分享：

神笔马良用力掰弯了他的笔（b），在纸上画了一把斧头（f）来保护自己，他拿着斧头砍了一根草（r），然后用手撕碎，盛在倒放的伞（t）里去照料奶牛，喂它吃草，奶牛产奶后，他用漏斗（v）接下牛奶拿去贩卖，用得到的钱买了一顶皇冠（w）戴在头上行走，招摇过市。

第四节 词组的记忆秘诀

百度"英语词组记忆"，很少能够搜到满意的答案，词组和短语的组成类型比较多，在百度作业帮的提问里，学生的苦恼主要有两点，看看下面的提问：

1. 好多易混淆的词组应该怎么记忆？比如 take over、take to、take up；bring down、bring out；put down、put over……每个动词组成的词组太多了，而且都比较相似，我都记晕了，怎么办啊？

2. 一个英语词组有时候有好多个意思，有些意思和其他词组还是重叠的，死记硬背下来之后，考试时只是似曾相识，就是想不起来意思，怎么解决呢？

第一个问题的关键是一个单词可以加很多个介词或副词，有些我们可以通过它的意思叠加推断出来，比如 put aside，put 是"放"，"aside"是旁边，所以这个词组的意思是"将……放置一旁"，然而大部分词组没你想的那么简单，1+1 ≠ 2，所以我们需要通过联想来辅助记忆。以 give 为例，下面仅列出部分常用词义：

give away	赠送、颁发
give in	屈服、让步
give up	放弃
give off	释放、放出
give out	分发、耗尽

第一种方式：情境理解记忆。可以结合词组后面接的对象或者词组的例句来进行理解记忆。例如：give away the money to charity（把金钱捐给了慈善事业），give away the prize（颁发奖品），因为 away 表示"去别处""离开"，不管是捐钱还是颁奖，这些东西都是离开你的手里到了别处。

"give out"表示"分发"。The teacher gave out the examination papers（老师分发完试卷）。out 也有"向外""离开"的意思，所以也比较好理解，老师就是把试卷向外发给学生。此处还需要理解 give away 一般表示一对一的发送，give out 表示一对多的发送，结合颁奖和发试卷也可以区分开来。

第二种方式：对于比较难以通过介词的意思来区分的单词，我们也可以对介词进行形象编码，一般可以借助谐音以及意义，比如 in（老鹰）、on（不倒翁）、off（卧佛）、away（二维码）、out（奥特曼）、up（上铺）等，然后再通过故事联想来区分记忆。

比如：give out 和 give off 都有"放出"的意思，前者主要是放出气味，后者还可以放出光线、热量等，后一个可以想成卧佛身上闪着金光，散放出大量的热量。

第二个问题的关键是一词多义，一般而言，有些意思之间互相引申，可以通过理解来记忆。比如 give in 有"屈服、投降、让步、上交"等意思，give 本身就有"让步"的意思，in 的基本意思是"在……里面"，在比武中"让步"就是"屈服"于别人，在战争中"让步"就是"投降"，把东西放回到公家的仓库就是"上交"。

再看看词组 take in，在《21 世纪大英汉词典》里，它有 17 条意思，我们并不是每一条都要记住，把常用的记住即可。

（1）让……进入；接纳，接受；吸收。例：Our club plan to take in 20 new members. 我们俱乐部计划吸收 20 名新会员。

（2）接待；留宿；收留；收进。例：to take in the homeless，收留无家可归的人。

（3）把……领入；陪同或挽引（女宾）由客厅进入餐厅：He took Mary in to dinner. 他陪着玛丽进入餐厅用餐。

（4）拘留，把……带至警察局拘留起来：The police took him in for attempted murder. 警方因他杀人未遂而将其拘留。

（5）领（活计）到家里做：She took in sewing and washing to earn a little. 她接缝洗活儿在家里做，来挣一点钱。

（6）收入，进账：Our shop takes in twice as much money every day as it used to. 我们商店每天的收入是过去的两倍。

（7）领会，理解：The students couldn't take in the lecture. 学生们听不懂这个讲座。

这七个意思彼此之间很相关，让别人进入组织就是"接纳"，让别人留在家里面就是"收留"，让别人在警察局里就是"拘留"，把钱拿进你的钱包里就是"收入"，把知识拿到你的脑袋里，就是"理解"，结合语境想一想，就比较容易将不同的意思理解记忆下来。

如果一个词组的不同意思差距很大，我们也可以用故事记忆法，将这些意思编成一个故事串记起来。take in 还有以下意思：

（8）缩短；改小（衣服）；改短：The waist of her skirt needs to be taken in a little. 她的裙子的腰要稍微改窄一点。

（9）订阅（报纸、杂志等）：My brother takes in China Daily. 我兄弟订阅《中国日报》。

（10）把……排入旅程，参观，游览；观看（戏剧、电影等）；出席：They will take in the sights of the city tomorrow. 他们明天将要游览这个城市的名胜。

（11）欺骗，哄骗；使上当：He took the girl in with his story. 他用一套谎言蒙骗了那个女孩。

我将 take in 想象成手里提着一只鹰（in）的女孩，她将自己的裙子改得太短了，外面太冷了，她用订阅的报纸包裹着腿，就这样跑到电影院去看电影，但她没有买到票，一个黄牛哄骗她买了一张高价假票，她进不去，大呼上当！

回忆一下，这些意思都记住了吗？学会了记忆魔法，再多的意思都不怕！接下来，你就拿你遇到的词组来练练手吧，祝你成为英语单词记忆的高手！

文理科的记忆案例

任何学习都建立在记忆的基础上，
文科和理科都需要记忆。
如果一定要说文科生理科生的记忆有什么差异，
那可能是理科生在学习过程中，
大脑对识别、辨认、记忆的精确度要求更高。

——北京大学心理学教授　沈政

07

如今高考选科是"3+1+2"，到底选择什么科目，是很多高中生纠结的问题，目前主流的选择是理科，"学好数理化，走遍天下都不怕"这句话依然影响深远。另外，很多人的观念里还认为：成绩不好的人才会选择文科。这是一个很大的误区。有些学生之所以选择理科，是害怕背东西，结果发现，理科里面需要背的也不少，最基础的知识都没有记住，公式定理都想不起来，做题就会处处碰壁。所以，不论你选择哪几门学科，记忆法都有用武之地，在理解很难渗透的地方挥舞魔棒，会让学习变得更加轻松。本章我选择了18个文理科的记忆案例供大家参考。

地理题

例1：区域地理里各地的产物。

（1）世界上煤炭储量丰富的7个国家：俄罗斯、巴西、中国、澳大利亚、印度、加拿大、美国。

（2）东北盛产的粮食作物有小麦、水稻、玉米、高粱、谷子。

（3）内蒙古自治区的主要物产有羊毛、煤炭、稀土、天然气。

魔法点睛：这些明显属于"花瓣模型"，而涉及的国家和物品很熟悉，所以只需要使用字头歌诀法就可以解决，其他方法反而是杀鸡用牛刀。

第一个可以挑取字头变成：俄巴中澳加美印，想象我爸（俄巴）到中国澳门买了一块美丽的印章。第二个浓缩提取字头变为"小水遇（玉）高谷"，联想到小的水流遇到了高高的谷堆。第三个可挑取字头，谐音变成"扬眉吐气"。

例2：长江中下游地区的特点：主要农产品有水稻、小麦、棉花、油菜、桑蚕丝等，水稻种植面积和产量都居全国第一，太湖流域是我国最大的桑蚕基地。这里是我国重要的淡水渔业区，其中500多个较大的湖泊和许多山区水库都产淡水鱼，主要鱼种为青鱼、草鱼、鲢鱼、鳙鱼。舟山群岛为我国最大的海洋渔场，东海为我国的"天然鱼仓"。

魔法点睛：这一段话里涉及的信息较多，主要农产品和主要鱼种可以使用字头法，"油水桑小棉"谐音想到油水泼到小棉花上，伤（桑）害了它。"青草鲢鳙"，可以谐音为"青草廉用"，想象青草被廉价使用。

剩下的部分我们可以使用形象记忆法，想象我自己坐船到长江中下游旅游，看到一望无际的水稻田，一位农民骄傲地举起食指说："我们这里的水稻产量可是全国第一的！"我在他的带领下来到了太阳升起的湖边，很多蚕农正在喂蚕，他们请我吃午餐，都是各种淡水鱼，吃不完的，我乘舟放到舟山群岛的仓库里。

例3：根据影响成本的主导因素，工业区位选择可以分为不同的导向型：

（1）原料导向型工业。原料不便于长途运输或运输原料成本较高的工业，例如制糖工业、水产品加工业、水果罐头加工业等；

（2）市场导向型工业。产品不便于长途运输或运输产品成本较高的工业，例如啤酒、家具制造业等；

（3）动力导向型工业。需要消耗大量能量的工业，例如电解铝工业等；

（4）劳动力导向型工业。需要投入大量劳动力的工业，例如服装工业、电子装配工业等；

（5）技术导向型工业。技术要求高的工业，例如飞机、集成电路、精密仪表等制造工业。

魔法点睛：这道题目属于"花瓣模型"，信息之间是并列关系，挑取字头"原技市劳动"，谐音为"袁技师劳动"，想象袁文魁当了工厂的技师，正在辛勤地劳动。

如果每个类型后面的举例不好理解记忆，可以分别进行配对或锁链联想。比如原料导向的有制糖、水产品、水果罐头，可以想象生产的水果罐头不是真水果，而是加了水和糖兑出来的。市场导向的有啤酒和家具制造，想象在菜市场，一个卖菜的大叔把啤酒瓶扔到了家具上面，摔碎后，里面的啤酒洒满了家具。

历史题

例4：历史年代的记忆

历史年代是学习历史必背的，常用的方法除了死记硬背、寻找规律，还可以使用谐音或者数字编码，将想象出来的形象与事件进行故事联想，达到牢固记忆的目的。

1. 105 年　蔡伦改进造纸术

魔法点睛：105 谐音为"要领悟"，想象的画面是：我要领悟蔡伦造纸术的精髓，正在冥思苦想中。

2. 1662 年 郑成功收复台湾

魔法点睛：1662 谐音为"一溜溜儿"，想象郑成功一溜溜儿跑到台湾，几天就把台湾收复了。

3. 1689 年 中俄签订《尼布楚条约》

魔法点睛：16 的编码是石榴，89 的编码是芭蕉，想象清政府官员用石榴蘸着芭蕉汁在尼龙布上签条约。

4. 1215 年 英王签署《大宪章》

魔法点睛：12 的编码是椅儿，15 的编码是鹦鹉，想象英王坐在椅儿上，从鹦鹉身上拔下毛，蘸上墨水画了一个很大的宪章。

例 5：《马关条约》的内容：

（1）割辽东半岛、台湾、澎湖列岛及附属岛屿给日本；

（2）赔偿日本军费白银两亿两；

（3）增开重庆、沙市、苏州、杭州为商埠；

（4）允许日本在中国的通商口岸投资工厂，产品运销中国内地免收内地税。

魔法点睛：记忆条约的内容一般都是"花瓣模型"，可以使用锁链故事法或者字头歌诀法，如果条约内容很多且每条很长，可以考虑使用定桩法。

内容可概括为割地、赔款、开埠、设厂四个方面，割地里面可以再用字头法：辽台澎，增加一个"莲"字，谐音为"鸟抬莲蓬"；商埠挑取字头是"苏杭沙重"，谐音为"苏杭杀虫"。

如果使用标题定桩法，"马关条约"分别想到马、关羽、面条、约会。

马和割地，联想到马用蹄子割地，鸟抬着莲蓬来砸它。

关羽和赔款，想象关羽带兵在运送两马车共两亿两白银。

面条和开埠，想象在苏杭大运河有很多商店，店家在面条里放杀虫剂来杀虫。

约会和设厂，想象男生约女生在工厂里约会，在这里买东西可以免税。

例6：太平天国运动的意义：

（1）冲击了清王朝的统治秩序，加速了清王朝和整个封建制度的衰落与崩溃；

（2）在反封建的同时担负起反侵略的任务，沉重地打击了中外反动势力，拉开了近代中国民主革命的序幕；

（3）是中国人向西方学习资本主义制度的最早探索；

（4）是中国几千年农民战争的最高峰；

（5）与亚洲印度等其他国家的民族解放运动相互支援、相互配合，属于亚洲民族革命风暴的一部分。

魔法点睛：我调整了一下顺序：（4）（3）（1）（2）（5），农民学西方，然后他们发动战争，对象是清王朝，向外是反侵略，更大的范围是与亚洲其他国家联动，所以是一个空间由小到大的过程。结合对太平天国运动史实的了解，按照这个逻辑顺序来复述上面的内容应该很简单。

当然，也可以使用物品定桩法，由"太平"想到"天平"，天平的一端是清王朝，想象大水冲击清朝皇宫，皇宫有部分倒塌了，另一端是外国势力，想象锤子砸到了外国人头上，他拉开了红色序幕，露出一个民主投票箱。在天平的顶端，可以想象农民拿着大刀在挥舞，代表着"几千年农民战争的最高峰"。其他两条也用类似的方法，和天平的其他部位进行联想。

例7：中国古代地方行政制度的沿革：

西周：分封制

战国：县制、商鞅变法

秦朝：郡县制

西汉：郡国并行制

北宋：文臣知州、转运使

元朝：行省制度

明朝：废行省、设三司、土司制度、流官制度

清朝：八旗制度、册封制度、改土归流、科举制度

魔法点睛：这类信息在历史教材里很常见，每个朝代和对应的制度是"钥匙与锁模型"，而按照朝代记忆则是"排队模型"。如果只是使用配对联想法一一记住，可能以后还要记各朝代的其他信息，和朝代联想的就太多了，所以一种策略是编歌诀串记，另一种就是借助地点桩。

歌诀记忆法：（谭雅如分享）

西周分封战国县，商鞅变法秦郡县。

西汉郡并北宋州，转运元省明朝废。

三片土司流官现，清旗土流册可举。

然后适当谐音如下：

稀粥分发战国县，商鞅边发勤捐献。

稀罕军饼被送走，转晕元神明朝废。

三片吐司流光现，亲戚徒留车可举。

她想象的情境是：把稀粥分发到战国各个县，商鞅边分发边勤快地捐献。很少见的军用饼干被送走了，战士们元神都饿晕了，第二天没有力气，都荒废了。三片吐司流动着油光出现，原来是亲戚留下的，吃完后可以举起一辆车子。

如果是借助地点桩，可以联想到"地方行政"相关的场景，比如我会想到我们小镇上的政府大楼。在大楼里按顺序找 8 个地点。接下来只需要将朝代和制度配对联想放在地点上即可，比如西周是分封制，想象一碗稀粥被分成几碗，分别贴上了封条。

政治题

例 8：建设中国特色社会主义经济的基本政策：

（1）坚持和完善社会主义公有制为主体、多种所有制经济共同发展的基本经济制度；

（2）坚持和完善社会主义市场经济体制，使市场在宏观调控下对资源配置起基础性作用；

（3）坚持和完善按劳分配为主体的多种分配方式，允许一部分地区、一部分人先富起来，带动和帮助后富，逐步走向共同富裕；

（4）坚持和完善对外开放，积极参与国际经济合作与竞争。

魔法点睛：政治题目看起来比较长，但提炼成核心就比较简单，这四个点分别是基本经济制度、市场经济体制、分配方式和对外开放。我由"经济"很容易联想到金鸡，所以使用它来作为桩子定位，"基本经济制度"可以缩为"基经"，谐音成"鸡睛"，"市场经济体制"的"体"想到鸡的身体，"分配方式"想到了鸡的爪子是分开的，"对外开放"想象鸡尾巴像孔雀一样开屏。

（官晶／绘图）

例9：马克思主义哲学里的感性认识、理性认识以及实践三者之间的无限循环：

（一）从感性认识到理性认识的第一次飞跃的条件：

1. 必须具有丰富、真实的感性材料；

2. 运用科学的思维方法进行加工制作。

（二）从理性认识到实践的第二次飞跃的条件：

1. 从实际出发，理论与实际相结合；

2. 把对客观事物本质和规律的认识，同主体自身利益结合起来，形成正确合理的实践观念；

3. 理论必须掌握群众，化为群众的行动；

4. 要有正确的实践方法即工作方法。

魔法点睛：哲学相对比较抽象，可以结合生活中的经历，在理解的基础上产生形象来记忆。从感性认识到理性认识的飞跃，我由"感性材料"想到了记忆比赛训练的资料，十大项目试题非常丰富，很多材料是我们用电脑程序加工制作的，对应的是"用科学的思维方法进行加工制作"。

理性认识到实践的飞跃，我想到要拿着材料进行训练，要将学到的记忆法和实际的项目结合，比如记忆人名头像要用配对联想法，要了解到这个项目的出题规律，同时知道练好它对人际交往有益，所以才决定要练习。群众也就是选手们学会了人名头像的方法，就要开始行动去训练，训练的时候方法要对，不然努力也是白费的。结合我熟悉的这个场景进行联想，回忆起来就相对容易了。

例 10：道德和法律的区别：

（1）从表现形式上看，道德是一种观念、意识形态的东西；法律则表现为国家制定的规范性文件或国家认可的习惯。

（2）从调节层次上看，道德涉及的主要是个体观念和意识形态层次的问题；法律主要涉及人们行为层面的问题。

（3）从调节方式上看，道德主要靠约定俗成的规则、社会舆论的外在力量、内心信念、内在良知的内在力量来推动，是非强制的，是一种"软控性"；法律则是以国家机器为后盾并采取强制性手段来推行的，是一种"硬控性"。

（4）从调节范围上看，道德涉及的范围更为"泛"，相对模糊；

法律作用范围较为具体，十分确定。

魔法点睛：这道题目是比较简单的"矩阵模型"，可以列表呈现如下：

	道德	法律
表现形式	观念、意识形态的东西	国家制定的规范性文件或国家认可的习惯
调节层次	观念和意识形态层次	行为层面
调节方式	由约定俗成的规则、社会舆论的外在力量、内心信念、内在良知的内在力量来推动，是非强制的	国家机器为后盾并采取强制性手段推行
调节范围	更为"泛"，相对模糊	较为具体，十分确定

难点是记住比较的四个方面：表现形式、调节层次、调节方式和调节范围，由"表现形式"想到一块新式的手表，手表的表带形成一个圆，就划定了一个"范围"，在圆形的表面画了很多同心圆，代表着不同的"层次"，最中心画一个方形的柿子，代表着"方式"。

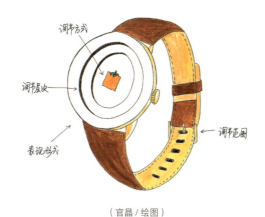

（官晶 / 绘图）

关于具体内容，可以在理解的基础上想象画面，比如想象在大街上，地上的口香糖粘住了阿姨的脚，阿姨说："随地吐口香糖，真是不道德！"很多人都认为不应该随地吐口香糖，这就是"观念和意识形态的东西"，但新加坡政府却通过法律禁止制造和出售口香糖，这就是"国家制定的规范性文件"。如果只是脑海里想一想要出售口香糖，没有人管你，但一旦出售，你就要被法律管了，因为这是"行为层面"的东西。

平时，很多人都踩到过地上的口香糖，就慢慢地认同不能随地吐口香糖，这就叫"约定俗成的规则"。你吐口香糖时，会受到来自别人的谴责，但你要吐，别人也不能拿你怎样。但新加坡的法律规定，乱丢口香糖残渣者，初次发现将被罚款 1000 新元（约 5000 人民币），更多次违反条例者将面临最高 5000 新元的罚款，所以很多新加坡人都偷偷去马来西亚过口香糖瘾。最后一条"调节范围"相对简单，法律是明文规定，能做什么不能做什么，非常具体。

物理题

例 11：内燃机的一个工作循环分为四个阶段，每个阶段的相应特点如下：

（1）吸气冲程：进气门打开，排气门关闭，活塞向下运动。

（2）压缩冲程：进气门、排气门都关闭，活塞向上运动。机械能转化为内能。

（3）做功冲程：进气门、排气门都关闭，活塞向下运动。内能转化为机械能。

（4）排气冲程：进气门关闭，排气门打开，活塞向上运动。

魔法点睛：这四个阶段属于"排队模型"，可以比喻成一个气功大师，先吸一口气到丹田，然后用手压腹部，开始练习气功，最后排出空气。观察每个阶段的特点，容易发现规律，中间两个冲程两个门都是关闭的，吸气就是进气门打开，排气就是排气门打开，而活塞的运动规律是"下上下上"。能量转化方面，记得先是机械能转化为内能，挑取字头"机内"，可以谐音为"鸡肋"。

例 12：记忆下面两个物理公式：

（1）热量计算公式：$Q=cm\Delta t$，Q 为吸收或放出的热量，c 为比热容，m 为质量，Δt 为温度差。

（2）电功计算公式：$W=UIt$，W 为电功，U 为电路两端电压，I 为电流，t 为通电时间。

魔法点睛：物理公式可以理解就理解，不行就使用联想的技巧。我们可以使用配对联想法，先记住每个字母代表的意义，比如第一个的 c 为比热容，我由"容"想到电视剧里的容嬷嬷，c 的形状像是耳朵，想象笔的温度很热，将容嬷嬷的耳朵烫伤了。接下来，我由 cm 想到了单位"厘米"，Q 想到了 QQ 糖，QQ 糖只有一厘米长，糖的前面和后面有温度差，真是太奇怪了。

第二个电压、电流、电功的字母都好记，电功 W 我是由 W 想到"武"，和"功"正好组成"武功"。$W=UIt$，我瞬间就看出来组块 WU 和 IT，分别想到武汉和 IT（信息技术），我想到武汉前几年的 IT 电脑培训非常火，要装电脑的线路肯定少不了电工（电功）。

化学题

例 13：空气中氧气含量测定的实验，主要原理是用红磷燃烧消耗密闭空间里的氧气，使空间里的压强变小，在大气压的作用下，就会有水进入空间内，这个体积和减少的氧气的体积是一样的，结论是氧气约占空气总体积的 1/5。实验步骤如下：

（1）连接装置，检查装置的气密性；

（2）在集气瓶内加入少量水；

（3）把集气瓶剩余容积五等分，用黑笔做上标记；

（4）用弹簧夹夹紧乳胶管；

（5）点燃红磷后，伸入集气瓶，产生大量白烟；

（6）赶紧把胶塞塞紧；

（7）燃烧结束，冷却后，打开弹簧夹。集气瓶里水面上升了约 1/5 的体积。

魔法点睛：对于实验步骤的记忆，如果能够现场看老师的实验演示，然后闭眼在脑海中回忆步骤，效果会更好，这也属于"形象记忆法"。如果没有看过，也可以结合书中图片来想象，在脑海中模拟几遍实验。

如果实验步骤比较多，我会将每个步骤放在一个地点桩，方便记忆顺序。另一种方式，就是使用歌诀记忆法：检气加水标夹管，点磷胶塞打开夹。然后根据歌诀依次想到每个步骤的操作画面，如果再动手做一遍，印象会更深刻。

例 14：不同金属的导电性、密度、熔点、硬度等物理性质差别很大，如图所示，请将其按顺序记住。

物理性质	物理性质比较
导电性	Ag Cu Au A1 Zn Fe Pb → 导电性逐渐减弱
密　度	Au Pb Ag Cu Fe Zn A1 → 密度逐渐减小
熔　点	W Fe Cu Au Ag A1 Sn → 熔点由高到低
硬　度	Cr Fe Ag Cu Au A1 Pb → 硬度由大到小

　　魔法点睛：这是典型的"排队模型"，因为每个信息都很简单，使用歌诀法更方便。比如导电性逐渐减弱，依次是：银、铜、金、铝、锌、铁、铅，把"导电性"的"导"加上去，再在后面补充"笔盒"，变成"导银铜金铝，锌铁铅笔盒"，谐音为"盗印童巾女，新铁铅笔盒"，想象盗印儿童面巾纸的女人，买了新的铁制铅笔盒。

　　密度逐渐减小，依次是：金、铅、银、铜、铁、锌、铝，想象蜜蜂（密度）含着金铅笔送给银童（全身穿着银饰的儿童），银童的妈妈是一个铁心女（锌铝），死活不给他买铅笔。

　　熔点由高到低依次是：钨、铁、铜、金、银、铝、锡，根据符号也可以来玩转，W 想到"我（wo）"，Fe 联想到"飞（fei）"，Cu 想到"出（chu）"，Au 想到"澳大利亚（Australia）"，Ag 想到"阿哥"，Al

想到单词all，Sn 拼音想到"少女（shào nǚ）"，我联想到：我飞出澳大利亚找阿哥玩，他身边的丫鬟全是少女。

硬度由大到小，依次是：铬、铁、银、铜、金、铝、铅，可以分别想到"烙铁"（在湖北鄂州的方言里就是熨斗）、"银童""金缕衣""铅球"，编一个故事：一个硬纸板上的烙铁滑落，飞到银童身上，把金缕衣烧着了，银童扔了个铅球过去，把烙铁打飞。

生物题

例 15：碱基的符号与名称。

A——腺嘌呤

G——鸟嘌呤

T——胸腺嘧啶

C——胞嘧啶

U——尿嘧啶

魔法点睛：这符合"钥匙与锁模型"，使用配对联想法即可。

由 A 联想到苹果，"腺嘌呤"谐音为"线飘零"，想象苹果下面系着一根线，在随风飘零。

由 G 联想到鸽子，鸽子是鸟的一种，鸽子在风雨中飘零。

由 T 联想到 ting 挺，和"胸腺嘧啶"的关键字"胸"联想到"挺胸"。

由 C 联想到 chi 吃，"胞"谐音为"包"，联想到吃包子的场景。

U 的形状像马桶，可以用来装尿。

A、G 是"嘌呤"，由 AG 想到"阿哥"，想象阿哥四处飘零。剩下的三个就都是"嘧啶"了。

例 16：各细胞器的作用分别如下：

核糖体：合成蛋白质。

线粒体：有氧呼吸的主要场所，为细胞活动提供能量。

叶绿体：进行光合作用，细胞的"养料制造车间"和"能量转换站"。

内质网：是细胞内蛋白质合成和加工，以及脂质合成的"车间"。

高尔基体：加工、分类和包装蛋白质。

魔法点睛：这是典型的"钥匙与锁模型"。由"核糖"可以想到核桃，"六个核桃"饮料的颜色像蛋白一样；"线粒"联想到线上系着的颗粒物，我们深呼吸时把颗粒吸进去，进入细胞里，点亮了细胞，给细胞提供了能量；在车间里的一棵树，叶子绿得发光，充满了能量；"内质"对应着蛋白质和脂质两个"质"；作家高尔基在对蛋白进行加工、分类和包装。

例 17：动物从低等到高等的进化顺序为原生动物门、腔肠动物门、扁形动物门、线形动物门、环节动物门、软体动物门、节肢动物门、棘皮动物门、脊索动物门。

魔法点睛：由关键词"顺序"可知，这符合"排队模型"，因为相对简单，优先考虑锁链故事法或字头歌诀法。

锁链故事法：想象草原上生出了一个奇怪的动物，从腔门里吸收食物，将它们压扁后，从中抽出一条线，将它绕成一个环，这个环很软很软，缠住了动物的四肢，让它全身起了鸡皮（棘皮）疙瘩，脊椎像被锁住了一样不得动弹。

字头歌诀法：圆（原）肠扁线环，软肢鸡（棘）皮锁（索）。想象圆形的肠子用扁线环绕，软软的四肢将鸡皮锁起来。

例18：脑神经左右成对出现，大脑的十二对脑神经分别是嗅神经、视神经、动眼神经、滑车神经、三叉神经、外展神经、面神经、听神经、舌咽神经、迷走神经、副神经、舌下神经。

魔法点睛：这个是"花瓣模型"，可以采用不同的方法。因为这十二个顺序可以颠倒，有一些可以对照身体的部位来记忆，比如舌、面，还有"听"是耳朵，"嗅"是鼻子，"视"用眼睛，另外还有"动眼"，所以"身体定桩法"是一种记忆方法。

我们也可以用锁链故事法，由"嗅"想到了狗，国际记忆大师吕柯姣想到了以下的故事：狗狗嗅（嗅神经）了一下电视（视神经）后，转动了眼睛（动眼神经），骑上滑板车（滑车神经）来到三岔路（三叉神经），看到一个外国人的展出（外展神经），这个外国人正在吃面（面神经），他听（听神经）到狗叫声，舌头咽了一下口水（舌咽神经），迷茫地走开了（迷走神经），找来副手（副手神经）看看他舌下（舌下神经）怎么了。

《大脑赋能精品班》学员 陈芊羽 绘图

后记

你就是记忆魔法师

感谢各位记忆魔法学徒，和我一起完成了这趟记忆魔法之旅。我们共同学习了记忆魔法师的六根魔棒，同时学习了如何在不同领域使用魔法。现在，你已经手握魔棒，然而是否使用魔法，一切的主动权在你！如果你不使用，书里的所有方法，真的没有用！

我在此分享一个学习的心法：守破离。它来自日本的自卫拳术"合气道"，它把学习分为三种层次。

第一层"守"，学员必须严格学习一种招式。

第二层"破"，学员知道除了自己所学的招式外还有很多招式。

第三层"离"，学员脱离招式的束缚，达到一种"无招胜有招"的境界。

初学记忆魔法的朋友，请不要刚开始就想着创新，也不要着急去寻找奇招，踏踏实实把每一根魔棒修炼好，坚持简单平凡，造就卓越非凡！终有一天，你会运用自如，成为真正的"记忆魔法师"。

最后，请跟随我一起进入一段冥想，作为你在记忆宫殿修炼的结业仪式，你可以在微信公众号"袁文魁"（ID：yuanwenkui1985）后台回复"结业冥想"，跟着我的引导来进行。

请找一把椅子坐好，保持脊椎的正直，双手轻轻放在膝盖上，然后闭上你的眼睛，让自己的心安静下来。做几次深呼吸，用鼻子慢慢吸气时，吸气4秒钟，让腹部鼓起，接下来，用嘴巴缓缓地吐气，让腹部慢慢地瘪下去。每一次深呼吸，你都感觉全身越来越放松，同时越来越专注于你的内心世界。

现在想象你在一片大森林里行走，走在一条非常幽静的小路上，阳光透过树叶的缝隙，照射在你的身上，微风轻轻吹拂在你的脸上，你感觉非常舒服，非常放松。在路的前方，有一只小兔子跑出来，它停下来回头看看你，然后继续往前跑，接下来又停下看看你，像是在告诉你："请跟我走吧，我带你去一个地方！"

你跟着兔子一路往前走，来到一座非常漂亮的宫殿前，宫殿上方写着四个烫金的大字：记忆宫殿。兔子指指你的口袋，你用手一摸，摸出了记忆魔棒，这就是记忆宫殿的钥匙。你对着记忆宫殿的大门挥舞魔棒，门打开了，你走了进去。你在里面看到了什么？又听到了什么？你的感觉又如何呢？

现在，你的眼前有一条很长的红地毯，你沿着它往前走，走上三级台阶，你看到前方的椅子上坐着一个人，这个人就是记忆魔法师，你可以把他想成你在记忆方面的导师或偶像。他站起来迎接你，对你说："恭喜你通过学习拥有了记忆魔棒，欢迎你来到记忆宫殿。"此时，你感觉怎么样？

记忆魔法师对你说："请你坐在这把记忆龙椅上，我将为你传授记忆心法。"你坐在椅子上，感觉非常舒服，有一股能量流遍你的全身。记忆魔法师挥舞魔棒，撒出金色的记忆魔粉，这些魔粉会激活你的大脑，让你的记忆力越来越好。金粉落在你的头顶上，穿过头皮渗透进你的大脑里，你感觉有一股股暖流涌入，大脑里堵塞的部分都被打通，大脑神经产生很多新的连接。你感觉你的大脑就像灯泡被点亮了一样，你的记忆力、想象力、专注力都将越来越好。

记忆魔法师给你戴上"记忆王冠"，他对你说："接下来，我将告诉你一些事实，你可以跟着我一起默念，让它进入你的潜意识里。你就是记忆魔法师，你拥有超强的记忆潜能，你可以轻松地记住任何知识，你记得又好又快又牢。你很享受记忆的乐趣，并且每天都在精进你的记忆魔法！你会成为你们学校或者单位里的记忆大师，你的生活因为记忆魔法而变得更加美好！"

把这些话默念完之后，记忆魔法师请你站起来，他带你来到"未来之镜"面前，挥舞魔棒点到镜子上，你就可以在里面看到你的未来。现在你看到了一年之后的你自己，想象一下，当你拥有了超强的记忆力，你上课听讲可以非常轻松地当场牢记，你看完书籍可以很容易复述内容，你与朋友交谈时引经据典非常自如，你参加考试和知识竞赛都是高分，你记忆语文文章、英语单词和学科知识，都像是玩一样，既有趣又快速，你通过记忆法考取了你想要去的学校，获得了你想要拥有的人生，那是一种怎样的感觉呢？现在，你在镜子里真实地看到了那些美好的画面，请你做一个深呼吸，把这种美好的感觉放大 3 倍。

现在，继续看着镜子，你看到那个时候的你，穿着怎样的衣服，脸上有怎样的表情，正在做着什么事情？那个时候的你，是否更加充满自信呢？现在，你看到镜子中的你走在一条铺满鲜花的路上，路的两旁有很多你的朋友，有人对你竖起了大拇指，说："你的记忆力真棒！""你真是太厉害啦！"有人在为你鼓掌，有人给你送鲜花，还有人要和你合影，他们满眼都是崇敬和羡慕，你心里感觉非常不可思议，有一种美滋滋的感觉，同时也感觉这一年的努力都是值得的。

你看到镜中的你停了下来，他对你说："亲爱的，我就是一年后的你，现在开始把记忆魔法用起来吧，勤加修炼。最终，记忆魔法将改变你的生活，而你所看到的这一切都会成真，一年后的我在这里等你。"你对他说出了你的承诺，你们相视一笑，然后他消失在镜子中。

你在记忆宫殿的结业仪式结束了，记忆魔法师和你握手，并且和你拥抱在一起，你感觉到一股更强大的能量涌入你的身体，感觉你的大脑能力又强大了好几倍。现在你和他挥手告别，走出记忆宫殿的大门，沿着小路慢慢往回走。

接下来，当我从 1 数到 5 的时候，请你慢慢睁开眼睛，把这次冥想中所有美好的感觉，都带入到你的现实之中。在以后每一次面临记忆的挑战之前，你都可以闭上眼睛回到记忆宫殿，唤醒这种美好的感觉，你的记忆效率就会倍增，你就可以轻松记住你想要记住的知识，你就是最厉害的记忆魔法师！

这是我原创的一个冥想，在你记忆训练懈怠时，可以重新听一听，唤醒这种感觉。冥想也是一种很好的辅助提升记忆力的方法，我在酷狗音乐的电台节目"大脑赋能冥想"，发布了 52 个冥想，半年内有 700 多万播放量，你也可以听听看哦！

完成了本书的阅读，只是学习记忆魔法的第一步，接下来需要刻意练习哦！如果你已经完成了本书的练习，可以在公众号"袁文魁"（ID：yuanwenkui1985）回复"A01"，开启 30 天记忆训练之旅。另外，如果你想进行记忆魔法基础训练，可以在公众号回复"记忆魔盒"，获取我研发的记忆训练扑克套装及视频课程的购买方式，通过刻意练习，让自己变身记忆魔法师！

《成功者的大脑》里说："成功者都拥有一个共同点：他们似乎利用自己的神经回路做了一些特殊的、与众不同的事情，从而最大限度地发挥了潜能，实现了他们的目标。"

你会是那个将记忆潜能发挥到极致的成功者吗？行动起来吧！成为记忆魔法师，从此记忆无难事！